零件的普通车削加工

（专业篇）

主编　陈建欢　李景协
主审　张炳培

中国水利水电出版社
www.waterpub.com.cn

内 容 提 要

本书内容主要包括四个项目：项目一至项目三车削表面装饰与锥面类产品、三角形螺纹、传动螺纹以车工的典型工作任务为原型设计，主要让学生以生产任务为驱动式学习，全面掌握锥面、滚花、成形面、表面修饰、普通外螺纹、普通内螺纹、英制螺纹、攻牙、套牙、梯形螺纹、多线螺纹、蜗杆等加工基础，辅助学习相关的理论知识及其应用方法；项目四车削中等复杂形体产品是提高阶段的综合训练，以加工技能训练和工作方法训练为重点。

本书既可作为中等职业技术院校车工专业、数控车工的工学一体化教材，也可作为机械加工相关岗位培训用书，还可作为相关专业技术人员的自学用书。

图书在版编目（CIP）数据

零件的普通车削加工. 专业篇 / 陈建欢，李景协主编. -- 北京 : 中国水利水电出版社，2015.5
ISBN 978-7-5170-3245-8

Ⅰ. ①零… Ⅱ. ①陈… ②李… Ⅲ. ①零部件—车削 Ⅳ. ①TG510.6

中国版本图书馆CIP数据核字(2015)第125685号

书　　名	零件的普通车削加工（专业篇）
作　　者	主编　陈建欢　李景协　　主审　张炳培
出版发行	中国水利水电出版社 （北京市海淀区玉渊潭南路1号D座　100038） 网址：www.waterpub.com.cn E-mail：sales@waterpub.com.cn 电话：(010) 68367658（发行部）
经　　售	北京科水图书销售中心（零售） 电话：(010) 88383994、63202643、68545874 全国各地新华书店和相关出版物销售网点
排　　版	中国水利水电出版社微机排版中心
印　　刷	北京美精达印刷有限公司
规　　格	184mm×260mm　16开本　7.75印张　184千字
版　　次	2015年5月第1版　2015年5月第1次印刷
印　　数	0001—1300册
定　　价	**23.00**元

本书编委会

主　编　陈建欢　李景协

参　编　叶振祥　冯启钊　邹俊敏　邓美联　马琰谋

刘波林　郑柏权　郭志斌　梁洁颖　伍杰荣

雷周华　陈晓鸿　赵　龙　刘　剑　孙将军

何依文　任健强　梁炎培　司徒文聪

谭寿江　邝跃本　刘日照　张志军　梁又君

胡锦钊　陈俊钊　许广煜　李锦成　莫志威

李建宏　洪佳恒

主　审　张炳培

前 言

本书是中等职业教育改革创新规划教材，是以《车工》国家职业标准（中级）规定的知识和技能要求为基本目标，参考企业机械加工及相关岗位的能力要求。在江门市技师学院/江门市高级技工学校数控专业骨干教师和江门机械加工行业企业专家共同研讨，确定学习任务载体，根据人认知规律安排开发而成，将车工的相关理论知识与加工操作融为一体，以操作为重点，按照任务驱动、行动导向的一体化教学法编排课程内容，注重学生自主学习和关键能力的培养。

本书密切结合学生从岗的多样性和转岗的灵活性，既体现本专业所要求应具备的基本知识和基本技能训练，又考虑到学生知识的拓展及未来的可持续发展，注重与生产实际相结合，力求与企业进行无缝对接。通过对本书的学习，使学生对普通车床的基本操作技能、常用刀具的使用、加工工艺的安排等有一个全面了解，能够对一些零件的加工工艺进行分析及编制正确、合理的加工工艺，并通过实操完成零件的加工。

本书内容主要有四个项目，项目一至项目三以车工的典型工作任务为原型设计，学习表面修饰与锥面类产品、三角形螺纹和传动螺纹的车削，主要让学生以生产任务为驱动式学习，全面掌握锥面、滚花、成形面、表面修饰、普通外螺纹、普通内螺纹、英制螺纹、攻牙、套牙、梯形螺纹、多线螺纹、蜗杆等加工基础，辅助学习相关的理论知识及其应用方法；项目四为车削中等复杂形体产品，为提高阶段的综合训练，学习中等复杂形体产品的车削加工，以加工技能训练和工作方法训练为重点。

本书由陈建欢、李景协两位老师主编，张炳培老师主审。限于水平和时间，书中存在误漏和不足之处，希望各位读者批评指正。

编　者

2015年5月

前言

目 录

项目一　车削表面修饰与锥面类产品

任务一　车　削　顶　尖

【任务描述】

某企业订制一批顶尖，数量为 60 件，交货期 7 天，来料加工。材料、加工要求见生产任务书。

【生产任务书】

零件施工单见表 1-1-1，顶尖图样如图 1-1-1 所示。

表 1-1-1　　**零 件 施 工 单**

投放日期：__________　班组：__________　要求完成任务时间：____天

材料尺寸及数量：ϕ30mm ×125mm，60 件

图　号	零 件 名 称		计 划 数 量		完 成 数 量
01-01-01	顶尖		60 件		
加工成员姓名	工序	合格数	工废数	料废数	完成时间
班组质检				抽检	
总质检					

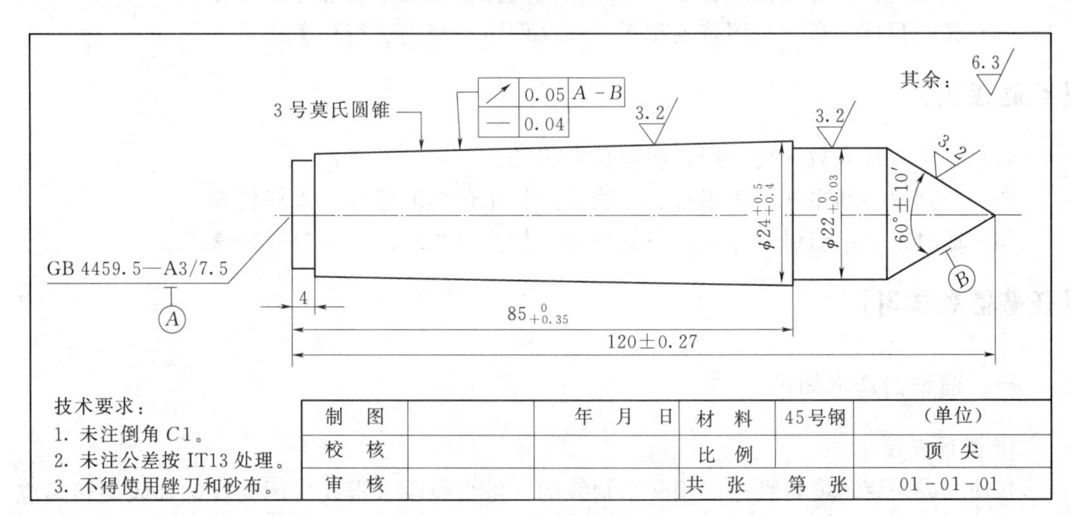

图 1-1-1　顶尖图样

【任务分析】

本任务是使用毛坯料为 ϕ30mm×125mm 的钢料，顶尖图样如图 1－1－1 所示，在以往车削简单轴类零件课题的基础上，学习车削圆锥的相关知识，其中包括车削圆锥的基本知识、顶尖的分类、操作设备及工具准备、圆锥的车削方法、车刀的安装、工件的安装及顶尖工艺安排、切削用量的选择等，作为准备内容，见表 1－1－2。

表 1－1－2 完成顶尖图样必须进行的准备内容

序　　号	内　　容
1	车削圆锥的基本知识
2	顶尖的分类
3	操作设备及工具准备
4	圆锥的车削方法
5	车刀的安装
6	工件的安装及顶尖工艺安排
7	切削用量的选择
8	操作要点及安全注意事项

【实施目标】

通过顶尖产品加工，了解企业生产的管理流程；锻炼学生表达与沟通能力；能正确选择和运用刀具；能合理安排顶尖加工工艺；能合理安排工作岗位，安全操作机床加工产品。

（1）质量目标：能按顶尖车削要求安排车削步骤，并按照普通车床操作的安全规程、车间安全防护规定，操作车床加工出产品。

（2）安全目标：严格按照普通车床车间安全操作规程进行任务作业。

（3）文明目标：自觉按照普通车床车间文明生产规则进行任务作业。

【实施建议】

（1）将学生按人数平均分组，明确任务组长。

（2）分别以车间主任、班组长、一线员工等角色领取任务，责任到人。

（3）适时组织小组讨论分工、信息学习、加工工步、评价学习等教学活动。

【任务信息学习】

一、圆锥的基本知识

1. 圆锥表面

与轴线成一定角度，且一端相交于轴线的一条直线段（素线）围绕着该轴线旋转形成的表面称为圆锥表面，如图 1－1－2 所示。

2. 圆锥

由圆锥表面与一定尺寸所限定的几何体，称为圆锥。圆锥又可分为外圆锥和内圆锥两种，如图 1-1-3 所示。

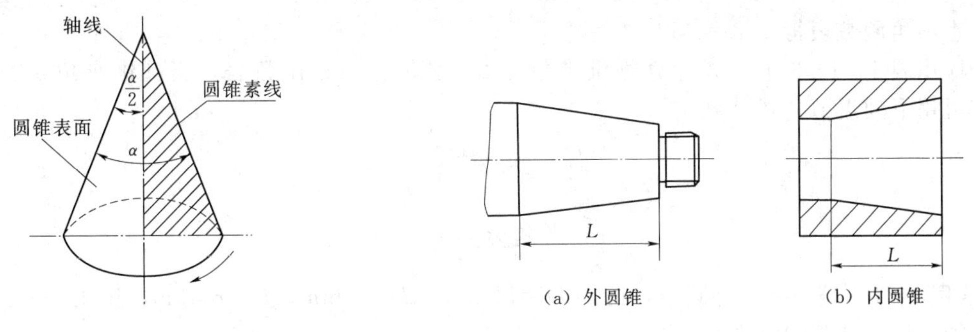

图 1-1-2　圆锥表面

图 1-1-3　圆锥

3. 圆锥的基本参数及计算（图 1-1-4）

圆锥的基本参数如图 1-1-4 所示，其相关计算公式见表 1-1-3。

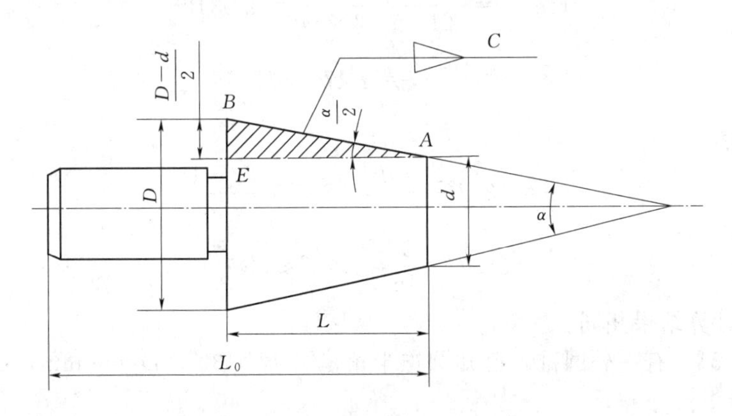

图 1-1-4　圆锥的基本参数

表 1-1-3　　圆锥基本参数的相关计算公式

基本参数	代号	定　义	计 算 公 式	备　注
圆锥角	α	在通过圆锥轴线的截面内，两条素线之间的夹角		
圆锥半角	$\frac{\alpha}{2}$	圆锥角的一半，是车圆锥面时小滑板转过的角度	$\tan\frac{\alpha}{2}=\frac{D-d}{2L}=\frac{C}{2}$	圆锥角、圆锥半角与锥度属于同一参数，不能同时标注
锥度	C	圆锥的最大圆锥直径和最小圆锥直径之差与圆锥长度之比 锥度用比例或分数形式表示	$C=\frac{D-d}{L}$	
最大圆锥直径	D	简称大端直径	$D=d+2L\tan\frac{\alpha}{2}$	
最小圆锥直径	d	简称小端直径	$d=D-2L\tan\frac{\alpha}{2}$	
圆锥长度	L	最大圆锥直径与最小圆锥直径之间的轴向距离，工件全长一般用 L_0 表示	$L=\frac{D-d}{2\tan(\alpha/2)}$	

【例 1-1-1】 有一圆锥，已知 $D=65\text{mm}$，$d=55\text{mm}$，$L=100\text{mm}$，求圆锥半角。

解 根据表 1-1-3 中公式可知

$$\tan\frac{\alpha}{2}=\frac{D-d}{2L}=\frac{65-55}{2\times100}=0.05$$

查三角函数表得 $\alpha/2=2°52'$

应用表 1-1-3 中公式计算圆锥半角 $\alpha/2$，必须查三角函数表。当圆锥半角 $\alpha/2<6$ 时，可用下列近似公式计算

$$\frac{\alpha}{2}\approx28.7°\frac{D-d}{L}$$

$$\frac{\alpha}{2}\approx28.7°C$$

【例 1-1-2】 有一外圆锥，已知 $D=22\text{mm}$，$d=18\text{mm}$，$L=64\text{mm}$，试用查三角函数表和近似法计算圆锥半角 $\alpha/2$。

解

（1）查三角函数表法。

$$\tan\frac{\alpha}{2}=\frac{D-d}{2L}=\frac{22-18}{2\times64}=0.03125$$

$$\frac{\alpha}{2}=1°47'$$

（2）近似法。

$$\frac{\alpha}{2}\approx28.7°\frac{D-d}{L}=28.7°\times\frac{22-18}{64}$$

$$=28.7°\times\frac{1}{16}=1.79°\approx1°47'$$

两种方法计算结果相同。

【例 1-1-3】 有一外圆锥，已知圆锥半角 $\alpha/2=7°7'30''$，$D=56\text{mm}$，$L=44\text{mm}$，求小端直径 d。

解 根据表 1-1-3 中公式得

$$d=D-2L\tan\frac{\alpha}{2}=56-2\times44\times\tan7°7'30''$$

$$=56-2\times44\times0.125=45\ (\text{mm})$$

4. 工具圆锥

（1）莫氏圆锥。莫氏圆锥是机器制造业中应用得最广泛的一种，如车床主轴锥孔、顶尖、钻头柄、铰刀柄等都是用莫氏圆锥。莫氏圆锥分成 7 个号码，即 0、1、2、3、4、5、6，最小的是 0 号，最大的是 6 号。莫氏圆锥是从英制换算来的。当号数不同时，圆锥角和尺寸都不同。

（2）米制圆锥。米制圆锥有 7 个号码，即 4、6、80、100、120、160、200。它的号码是指大端直径，锥度固定不变，即 $C=1:20$。例如，100 号米制圆锥的大端直径是 100mm，锥度 $C=1:20$。它的优点是锥度不变，记忆方便。

图 1-1-5 米制圆锥手柄

米制圆锥手柄如图 1-1-5 所示。

二、顶尖的分类

1. 回转顶尖

回转顶尖装有轴承，定位精度略低，但旋转时不容易发热，如图 1-1-6 所示。

2. 固定顶尖

固定顶尖是一个整体，定位精度高，顶尖部分由于旋转摩擦易产生热量。固定顶尖的用处是在一些需要精确重复定位的情况下，作为定位基准，提高装夹刚度，减少在加工过程中的形位误差；或者用来安装心轴，检测机床精度，如图 1-1-7 所示。

图 1-1-6　回转顶尖

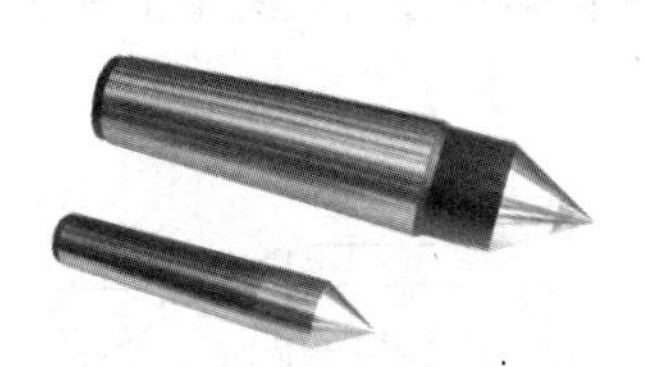

图 1-1-7　固定顶尖

三、操作设备、工具准备

本任务需要准备的操作设备、工具见表 1-1-4。

表 1-1-4　　操作设备、工具

序　号	设备、工具名称	单　位	数　量	用　　途
1	C6132A 型卧式车床	台	24	主要加工设备
2	外圆车刀	把	48	车外圆、端面、倒角
3	游标卡尺	把	24	测量外径、长度
4	千分尺	把	24	测量外径
5	万能角度尺	把	24	测量角度
6	前顶、活顶	个	各 24	用于装夹工件
7	鸡心夹	个	24	用于装夹工件
8	垫片	块	数块	用以垫车刀
9	中心钻 A3	把	24	钻中心孔
10	夹头	把	24	装夹中心钻
11	呆扳手	把	24	调整小拖板
12	工程图	张	24	主要图样
13	ϕ30mm×125mm 的钢料	件	60	主要加工材料

四、车圆锥的方法

车圆锥主要有以下方法：

（1）转动小滑板法。

（2）偏移尾座法。

（3）仿形法（靠模法）。

（4）宽刃刀车削法。

（5）铰内圆锥法。

本任务就是要在C6132A型卧式车床上完成该零件的加工，其主要加工内容是60°顶尖和3号莫氏圆锥柄，宜采用转动小滑板法车外圆锥。

车较短的圆锥体时，可以用转动小滑板的方法。小滑板的转动角度也就是小滑板导轨与车床主轴轴线相交的角度，它的大小应等于所加工零件的圆锥半角$\alpha/2$，如图1-1-8所示。小滑板的转动方向取决于工件在车床上的加工位置。

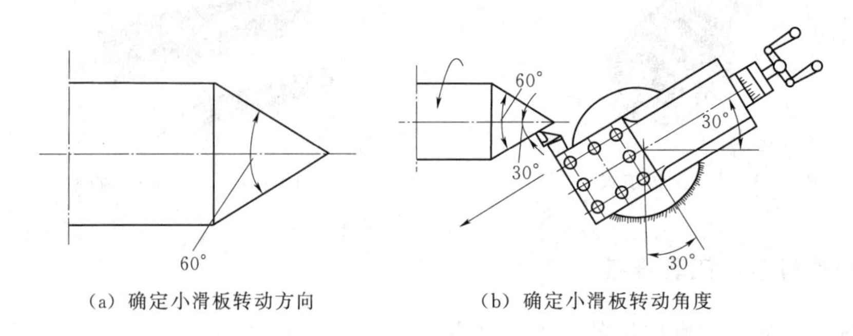

（a）确定小滑板转动方向　　（b）确定小滑板转动角度

图1-1-8 转动小滑板车外圆锥

将小滑板下面转盘上的螺母松开，把转盘转至所需要的圆锥半角$\alpha/2$的刻度上，与基准零线对齐，然后固定转盘上的螺母，如图1-1-9所示。试切后逐步找正。

车削前调整好小滑板镶条的松紧，如图1-1-10所示，如调得过紧，手动进给时费力，移动不均匀；调得过松，会造成小滑板间隙太大。两者均会使车出的锥面表面粗糙度较大且工件母线不平直。

图1-1-9 小滑板的调整

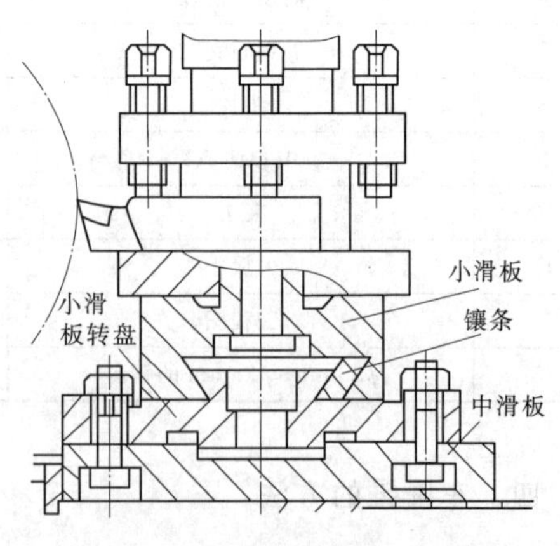

图1-1-10 小滑板楔铁的调整

五、车刀的安装

车刀的刀尖必须严格对准工件的中心，否则车出的圆锥素线不是直线，而是曲线，如图 1-1-11 所示。

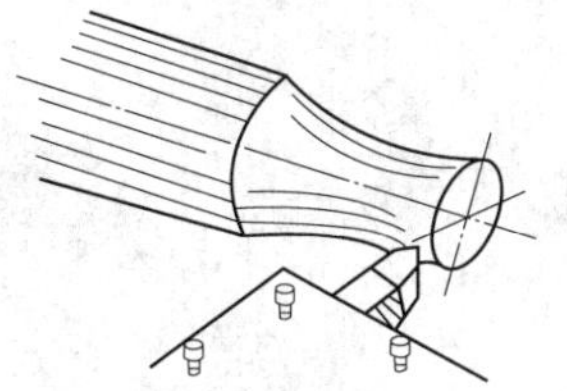

（a）刀尖低于工件旋转中心　（b）刀尖高于工件旋转中心

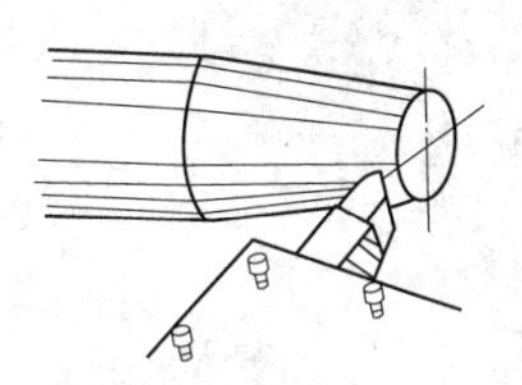

（c）刀尖对准工件旋转中心

图 1-1-11　车刀装刀对中示意图

六、工件的安装及顶尖工艺安排

（1）用卡盘装夹零件，伸出毛坯约 50mm，校正夹紧；粗车 ϕ22mm 外圆至 ϕ23mm×34.5mm；转动小滑板，精车 60°圆锥和 $\phi 22_{-0.052}^{\ 0}$ mm×35mm 外圆（图 1-1-12），注意检查圆锥角度是否正确（图 1-1-13），如果起始角大于 $\alpha/2$（小端透光），则表明角度大了，应将小滑板角度调小一点，反之，如果起始角小于 $\alpha/2$（大端透光），则表明角度小了，应将小滑板角度调大一点（图 1-1-14）。

图 1-1-12　车 60°圆锥

图 1-1-13　测量圆锥角度

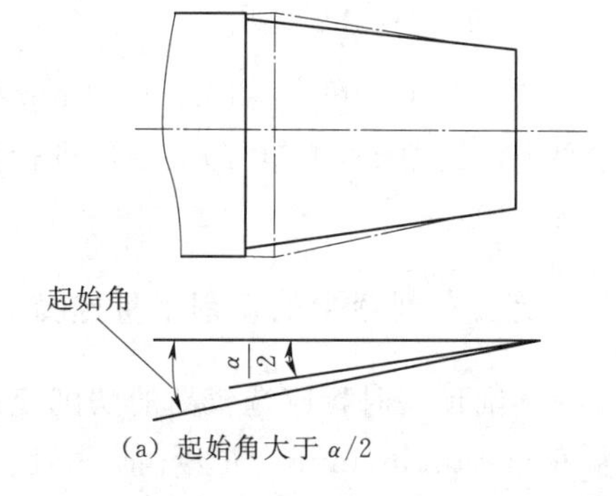

（a）起始角大于 $\alpha/2$

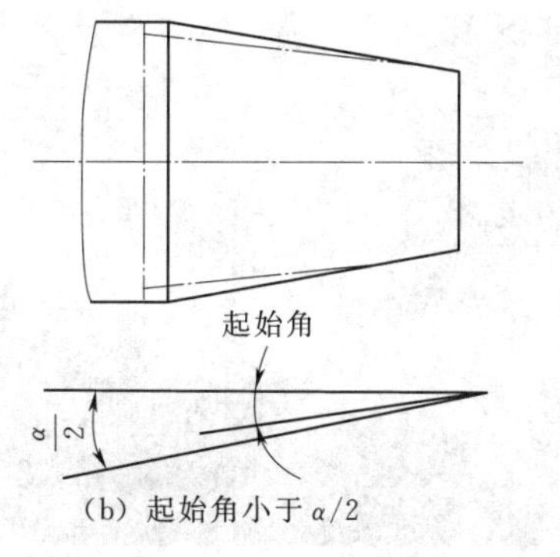

（b）起始角小于 $\alpha/2$

图 1-1-14　圆锥角大小的对比

（2）调头装夹，车削端面，取总长至 120±0.27mm，钻削中心孔，卸下零件检查，如图 1－1－15 所示。

（3）车削前顶尖，装夹余料自制前顶，车削端面，钻中心孔，如图 1－1－16 所示。

图 1－1－15　取总长打中心孔

图 1－1－16　车削工艺中心孔

（4）两顶尖装夹，车削 3 号莫氏圆锥面，粗精车外圆至 ϕ25mm×85mm，将小滑板转动一个 $\alpha/2$（1°26′16″），精车 3 号莫氏圆锥面，保证表面粗糙度 R_a3.2μm（图 1－1－17）。锥面采用涂色法法检验零件配合精度（图 1－1－18）。

图 1－1－17　两顶尖车削

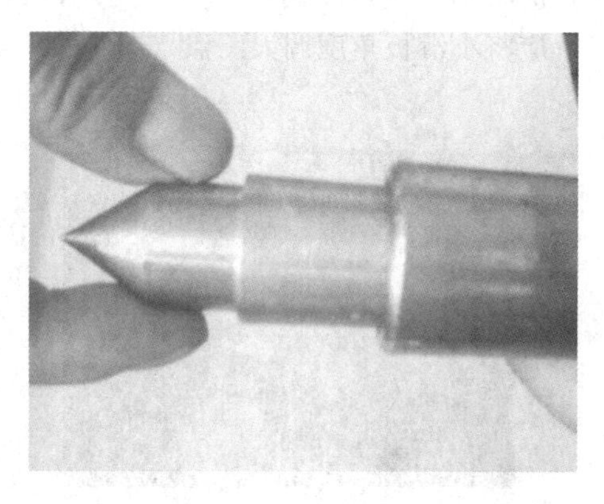

图 1－1－18　涂色法检验圆锥配合精度

图 1－1－19　车削顶尖外圆

（5）粗车、精车 ϕ18mm×4mm 外圆至尺寸要求，倒角 1×45°，卸下零件进行检验（图 1－1－19）。

七、车削顶尖的切削用量选择

车削顶尖时，应选较高的切削速度，一般为 60～100m/min，进给量一般为 0.1～0.3mm/r。

八、操作要点及安全注意事项

（1）车刀必须对准工件旋转中心，避免产生双曲线（母线不直）误差。

（2）车圆锥体前对圆柱直径的要求：一般应按圆锥体大端直径放余量1mm左右。

（3）车刀刀刃要始终保持锋利，工件表面应一刀车出。

（4）应两手握小滑板手柄，均匀移动小滑板。

（5）粗车时，进刀量不宜过大，应先找正锥度，以防工件车小而报废。一般留精车余量0.5mm。

（6）用量角器检查锥度时，测量边应通过工件中心；用套规检查时，工件表面粗糙度要小，涂色要薄而均匀，转动量一般在半圈之内，多则易造成误判。

（7）在转动小滑板时，应稍大于圆锥半角 $\alpha/2$，然后逐步找正。当小滑板角度调整到相差不多时，只需把紧固螺母稍松一些，用左手拇指紧贴在小滑板转盘与中滑板底盘上，用铜棒轻轻敲小滑板所需找正的方向，凭手指的感觉决定微调量，这样可较快地找正锥度。注意要消除中滑板间隙。

（8）小滑板不宜过松，以防工件表面车削痕迹粗细不一。

（9）当车刀在中途刃磨以后装夹时，必须重新调整，使刀尖严格对准工件中心。

（10）防止扳手在扳小滑板紧固螺帽时打滑而撞伤手。

【任务实施】

本任务实施步骤见表1-1-5。

表1-1-5　任务实施步骤

步骤	实施内容	完成者	说明
1	审图、确定加工工艺	教师、全体学生	教师引导学生进行审图、确定加工工艺
2	工件装夹	学生	教师指导学生把工件装夹牢固
3	车端面、外圆、倒角	学生	学生先根据工程图的图样要求，把外圆车好
4	转动小滑板车削60°顶尖	教师、学生	教师讲解转动小滑板车削圆锥的方法，组织小组教师演示转动小滑板的方法，安排每位学生轮流观看一次，然后指导学生按要求调整转动小滑板一次
5	选择切削用量	教师、学生	教师演示选择切削速度60～100m/min之间，进给量为0.1～0.3mm/r；指导学生选择切削用量
6	顶尖方法	教师、学生	教师先讲解转动小滑板的要求、方法、注意事项，演示转动小滑板的要求；指导学生完成顶尖的加工，达到图样要求
7	综合车削加工完成	全体学生	教师演示完成后，学生自己独立完成

【任务评价】

根据学生完成本任务的情况对他们的实习进行评价，评价表见表1-1-6。

表1-1-6　　　　顶尖质量检测评价表

序号	考核项目	考核内容及要求	配分	评分标准	检验结果	得分
1	莫氏锥度	3号莫氏锥度，$R_a3.2\mu m$	20，5	与工具圆锥检验套配合检验，接触面积不小于70%，每小于该标准5%扣5分		
2	外圆	$\phi24.05^{+0.5}_{+0.4}$	5	每超差0.02扣1分		
3		$\phi22^{0}_{-0.052}$，$R_a3.2\mu m$	8，3	每超差0.01扣1分		
4		$\phi18$	2	按IT13超差扣分		
5	长度	$85^{0}_{-0.35}$	4	每超差0.05扣1分		
6		120 ± 0.27	4	每超差0.03扣1分		
7	锥度	$60°\pm10'$，$R_a3.2\mu m$	10，3	每超差2′扣1分		
8	形位公差	↗ 0.05 A-B	3	每超差0.01扣2分		
9		— 0.04	3	每超差0.01扣1分		
10	其他	A型中心孔	2	扁孔、毛刺等无分		
11		$R_a6.3\mu m$，3处	2×3	降级酌情扣分		
12	倒角	C1	2	m超差不得分		
13	工具、设备的使用与维护	正确、规范使用工、量、刃具，合理保养及维护工、量、刃具	10	不符合要求酌情扣1～8分		
		正确、规范使用设备，合理保护及维护设备		不符合要求酌情扣1～8分		
		操作姿势、动作正确		不符合要求酌情扣1～8分		
14	安全与其他	安全文明生产，按国家颁布的有关法规或企业自定的有关规定	10	一项不符合要求扣2分，发生较大事故者取消考试资格		
		操作、工艺规范正确		一处不符合要求扣2分		
		工件各表面无缺陷		不符合要求酌情扣1～8分		
总分：						

【扩展视野】

应用一：车削带锥度手柄杆（图1-1-20）。

应用二：车削4号莫氏锥套（图1-1-21）。

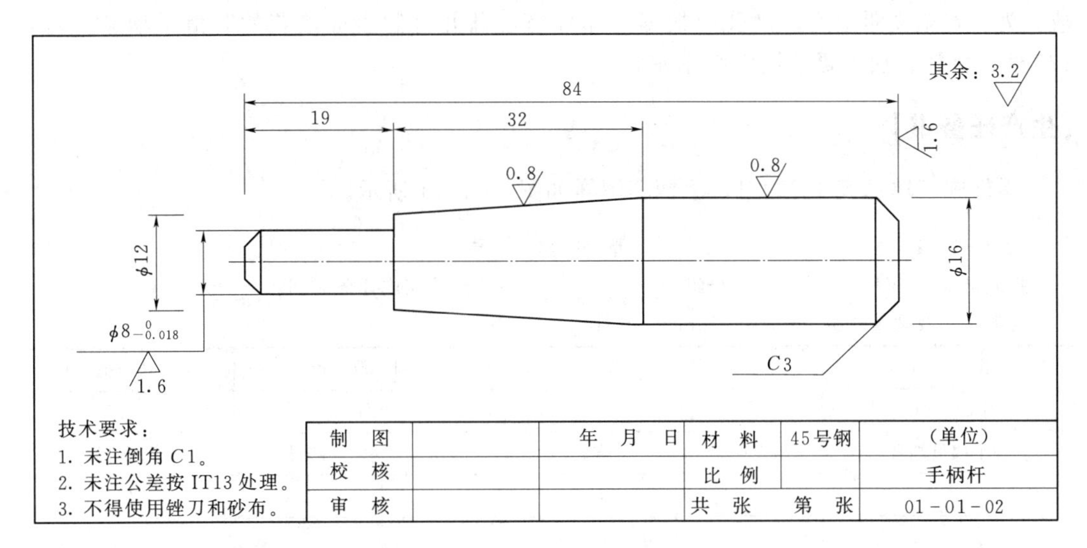

图1-1-20 带锥度手柄杆

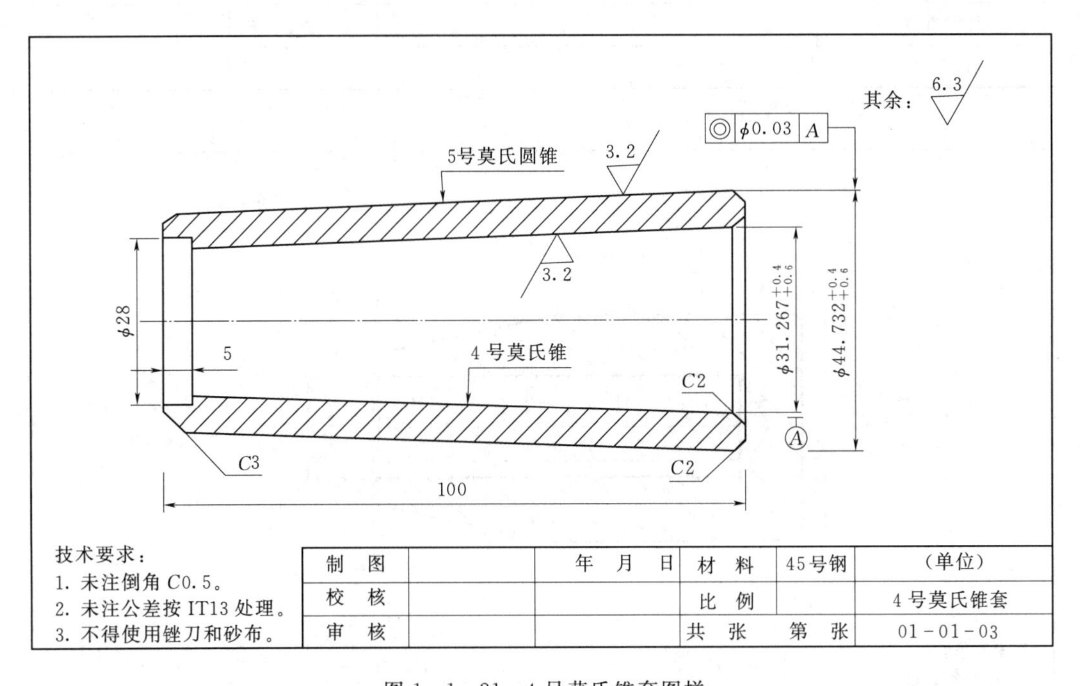

图1-1-21 4号莫氏锥套图样

任务二 车 削 手 柄 套

【任务描述】

某五金工艺制品有限公司生产设备操作杆，因长期使用而磨损打滑，易发生安全事故。为了安全文明生产，该公司根据工作环境设计并订制表面滚花的防滑手柄套，数量120件，材料、加工要求见生产任务书。

【生产任务书】

零件施工单见表1-2-1，手柄套图样如图1-2-1所示。

表1-2-1　　零件施工单

投放日期：__________　班组：__________　要求完成任务时间：____天

材料尺寸及数量：ϕ40mm×75mm，120件

图　号	零件名称		计划数量		完成数量
01-02-01	手柄套		120件		
加工成员姓名	工序	合格数	工废数	料废数	完成时间
班组质检				抽检	
总质检					

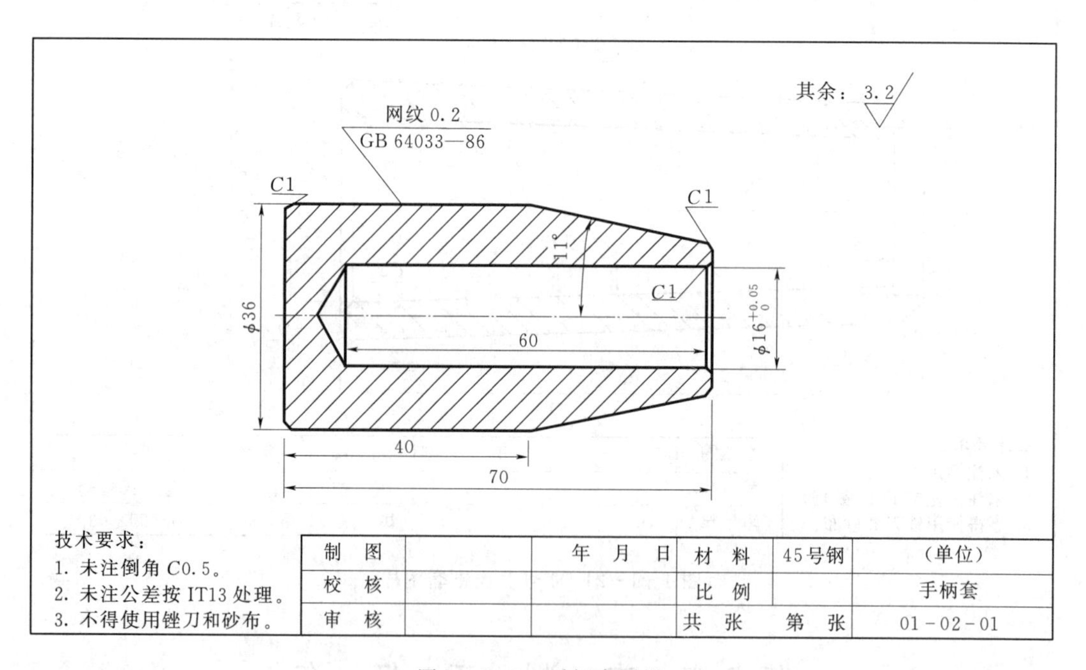

图1-2-1　手柄套图样

【任务分析】

本任务是使用毛坯料为ϕ40mm×75mm的钢料，在以往车削外圆、车削内孔的课题基础上，车削手柄套（图1-2-1），其中包括滚花刀的选择、操作设备及工具准备、滚花

刀的选用、切削用量的选择等，作为准备内容，见表 1－2－2。

表 1－2－2　　完成手柄套必须进行的准备内容

序　号	内　容
1	滚花刀的选择
2	操作设备及工具准备
3	工件的安装及滚花工艺安排
4	滚花刀的安装
5	滚花前的车削外圆尺寸
6	切削用量的选择
7	操作要点及安全注意事项

【实施目标】

通过手柄套产品加工，了解企业生产的管理流程；锻炼学生表达与沟通能力；能正确选择和运用刀具；能合理安排滚花加工工艺；能合理安排工作岗位，安全操作机床加工产品。

（1）质量目标：能按手柄套车削要求安排车削步骤，并按照普通车床操作的安全规程、车间安全防护规定，操作车床加工出产品。

（2）安全目标：严格按照普通车床车间安全操作规程进行任务作业。

（3）文明目标：自觉按照普通车床车间文明生产规则进行任务作业。

【实施建议】

（1）将学生按人数平均分组，明确任务组长。

（2）分别以车间主任、班组长、一线员工等角色领取任务，责任到人。

（3）适时组织小组讨论分工、信息学习、加工工步、评价学习等教学活动。

【任务信息学习】

一、滚花刀的选择

1. 滚花刀的种类

滚花刀的花纹分直纹、斜纹和网纹三种，如图 1－2－2 所示。滚花刀一般有单轮［图 1－2－3（a）］，双轮［图 1－2－3（b）］和六轮［图 1－2－3（c）］三种。单轮滚花刀通常是压直纹和斜纹。双轮滚花刀和六轮滚花刀用于滚压网纹。由节距相同的一个左旋和一个右旋滚花刀组成一组为双轮滚花刀。六轮滚花刀以节距大小分为三组，安装在同一个特制的刀杆上，分粗、中、细三种，供操作者选用。本次任务应选用双轮滚花刀。

2. 滚花刀的选择

花纹有粗细之分，并用模数 m 区分。模数越大，花纹越粗。花纹的形状和各部分尺寸如图 1－2－2（d）所示，不同模数对应的各部分尺寸见表 1－2－3。滚花的花纹粗细应根据工件滚花表面的直径大小选择，直径大选用大模数花纹；直径小则选用小模数花纹。

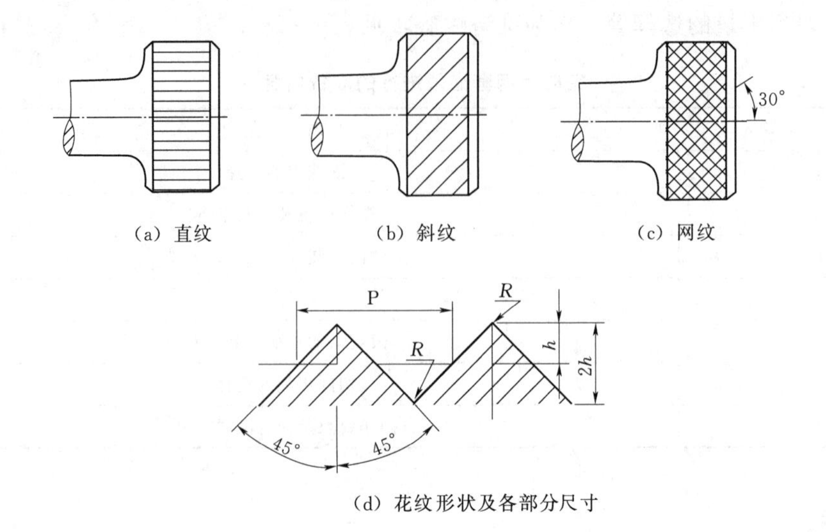

(a) 直纹　(b) 斜纹　(c) 网纹

(d) 花纹形状及各部分尺寸

图 1-2-2　花纹种类及尺寸

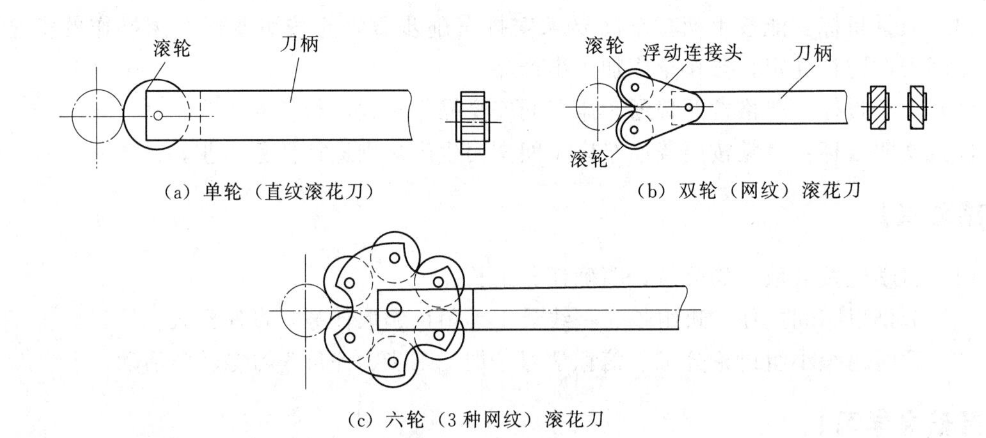

(a) 单轮（直纹滚花刀）　(b) 双轮（网纹）滚花刀

(c) 六轮（3 种网纹）滚花刀

图 1-2-3　滚花刀

表 1-2-3　**滚花花纹各部分的尺寸**　单位：mm

模数 m	h	R	节距 $P=\pi m$
0.2	0.132	0.06	0.628
0.3	0.198	0.09	0.942
0.4	0.264	0.12	1.257
0.5	0.326	0.16	1.571

注　1. 表中 $h=0.785m-0.414R$。
2. 滚花工件表面粗糙度为 $R_a 12.5\mu m$。
3. 滚花后工件直径大于滚花前直径，其差值 $\Delta \approx (0.8 \sim 1.6)m$。

本任务应选择双轮网纹且模数为0.2的滚花刀。

二、操作设备、工具准备

本任务需要准备的操作设备、工具见表1-2-4。

表1-2-4　　操作设备、工具

序　号	设备、工具名称	单　位	数　量	用　　途
1	C6132A车床	台	24	主要加工设备
2	直纹滚花刀	把	24	滚直纹
3	网纹滚花刀	把	24	滚网纹
4	斜纹滚花刀	把	24	滚斜纹
5	垫片	块	数块	用以垫滚花刀或车刀
6	外圆车刀	把	48	车外圆、端面、倒角
7	游标卡尺	把	24	测量外径、长度
8	活顶	个	24	用于装夹工件
9	ϕ16mm铰刀	把	24	铰孔
10	内孔车刀	把	48	车削内孔
11	工程图	张	24	主要图样
12	ϕ15mm钻头	支	24	用于钻孔
13	ϕ40mm×75mm的钢料	件	49	主要加工材料

三、工件的安装及滚花工艺安排

滚花时径向压力很大，所用设备刚度应较高，工件必须夹牢靠。由于滚花时出现工件移动现象难以完全避免，所以车削带有滚花表面的工件时，滚花应在粗车之后、精车之前进行。

注意：细长工件滚花时，要防止顶弯工件；薄壁工件要防止变形。

四、滚花刀的安装

滚花刀装夹在车床方刀架上，滚花刀的滚轮中心与工件回转中心等高，如图1-2-3（b）所示。

滚压有色金属或滚花表面要求较高的工件时，滚花刀滚轮轴线与工件轴线平行，如图1-2-4所示。滚压碳素钢或滚花表面要求一般的工件时，可使滚花刀刀柄尾部向左偏斜3°～5°安装，如图1-2-5所示，以便于切入工件表面且不易产生乱纹。

五、滚花前的车削外圆尺寸

由于滚花时工件表面产生塑性变形，所以在车削滚花外圆时，应根据工件材料的性质和滚花节距的大小，将滚花部位的外圆车小（0.8～1.6)m，m为模数。

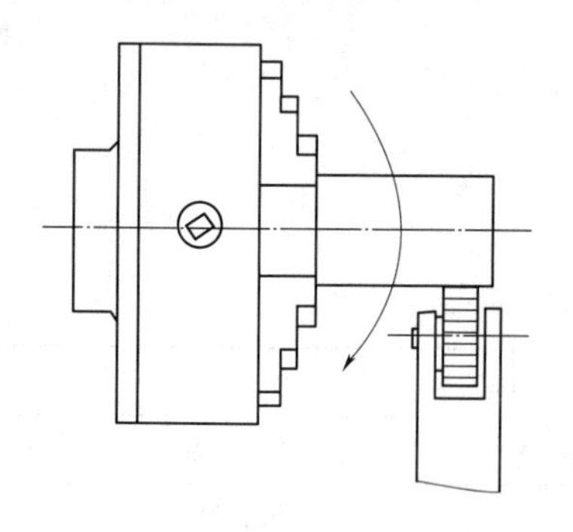

图 1-2-4 滚花刀平行安装

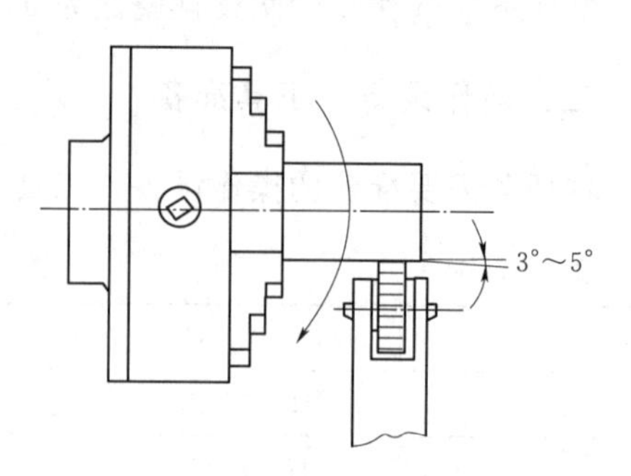

图 1-2-5 滚花刀倾斜安装

本任务车削尺寸为 ϕ35.68～35.84mm。

六、滚花切削用量选择

滚花时，应选低的主轴转速，一般为 50～100r/min；纵向进给量可选择大些，一般为 0.3～0.6mm/r。

七、操作要点及安全注意事项

(1) 在滚花刀接触工件开始滚压时，挤压力要大且猛一些，使工件圆周上一开始就形成较深的花纹，这样不易产生乱纹。

(2) 为了减少开始时的径向压力，可用滚花刀宽度的 1/2 或 1/3 进行挤压，或把滚花刀尾部装得略向左偏一些，使滚花刀与工件表面产生一个很小的夹角，如图 1-2-5 所示。这样滚花刀就容易切入工件表面。当停车检查花纹符合要求后，即可纵向机动进给，这样滚压 1～2 次就可完成。

(3) 滚花时，应充分浇注切削液以润滑滚轮和防止滚轮发热损坏，并经常清除压轮产生的切屑。

(4) 滚花时产生乱纹的原因：

1) 滚花开始时，滚花刀与工件接触面太大，使单位面积压力变小，易形成花纹微浅，出现乱纹。

2) 滚花刀转动不灵活，或滚刀槽中有细屑阻塞，有碍滚花刀压入工件。

3) 转速过高，滚花刀与工件容易产生滑动。

4) 滚轮间隙太大，产生径向跳动与轴向窜动等。

(5) 滚直纹时，滚花刀的齿纹必须与工件轴心线平行，否则挤压的花纹不直。

(6) 在滚花过程中，不能用手和棉纱去接触工件滚花表面，以防伤人。

(7) 细长工件滚花时，要防止顶弯工件；薄壁工件要防止变形。

(8) 压力过大，进给量过慢，压花表面往往会滚出台阶形凹坑。

【任务实施】

本任务实施步骤见表 1-2-5。

表 1-2-5　　任务实施步骤

步骤	实施内容	完成者	说明
1	审图、确定加工工艺	教师、全体学生	教师引导学生进行审图、确定加工工艺
2	工件装夹	学生	教师指导学生把工件装夹牢固
3	车端面、外圆、倒角	学生	学生先根据工程图的图样要求，把外圆车好
4	安装滚花刀	教师、学生	教师讲解滚花刀的安装要求，组织小组教师演示滚花刀安装，安排每位学生轮流观看一次，然后指导学生按要求安装滚花刀
5	选择切削用量	教师、学生	教师演示滚花选择主轴转速 50～100r/min 之间；进给量为 0.3～0.6mm/r；指导学生选择切削用量
6	滚花方法	教师、学生	教师先讲解滚花的要求、方法、注意事项，演示滚花达到要求；指导学生完成滚花，达到图样要求
7	综合车削加工完成	全体学生	教师演示完成后，学生自己独立完成

【任务评价】

根据学生完成本任务的情况对他们的实习进行评价，评价表见表 1-2-6。

表 1-2-6　　手柄套质量检测评价表

序号	考核项目	考核内容及要求	配分	评分标准	检验结果	得分
1	滚花	0.2	20	纹路清晰不乱，深度约 0.132，节距 0.628；不清晰扣 10 分，其他酌情扣分		
2	外圆	$\phi 36$	10	每超差 0.1 扣 5 分		
3	锥度	11°	10	每超差 2′扣 1 分		
4	内孔	$\phi 16^{+0.05}_{0}$	10	每超差 0.01 扣 2 分		
5	长度	40	5	按 IT13 超差扣分		
6		70	5	按 IT13 超差扣分		
7		60	5	按 IT13 超差扣分		
8	倒角	$C1$，3 处	6	m 超差不得分		
9	粗糙度	$R_a 3.2\mu m$，3 处	9	降一级扣 2 分		
10	工具、设备的使用与维护	正确、规范使用工、量、刃具，合理保养及维护工、量、刃具	10	不符合要求酌情扣 1～8 分		
		正确、规范使用设备，合理保护及维护设备		不符合要求酌情扣 1～8 分		
		操作姿势、动作正确		不符合要求酌情扣 1～8 分		

续表

序号	考核项目	考核内容及要求	配分	评分标准	检验结果	得分
11	安全与其他	安全文明生产，按国家颁布的有关法规或企业自定的有关规定	10	一项不符合要求扣2分，发生较大事故者取消考试资格		
		操作、工艺规范正确		一处不符合要求扣2分		
		工件各表面无缺陷		不符合要求酌情扣1～8分		
总分：						

【扩展视野】

应用：车削带有滚花的产品滚花油塞（图1-2-6）。

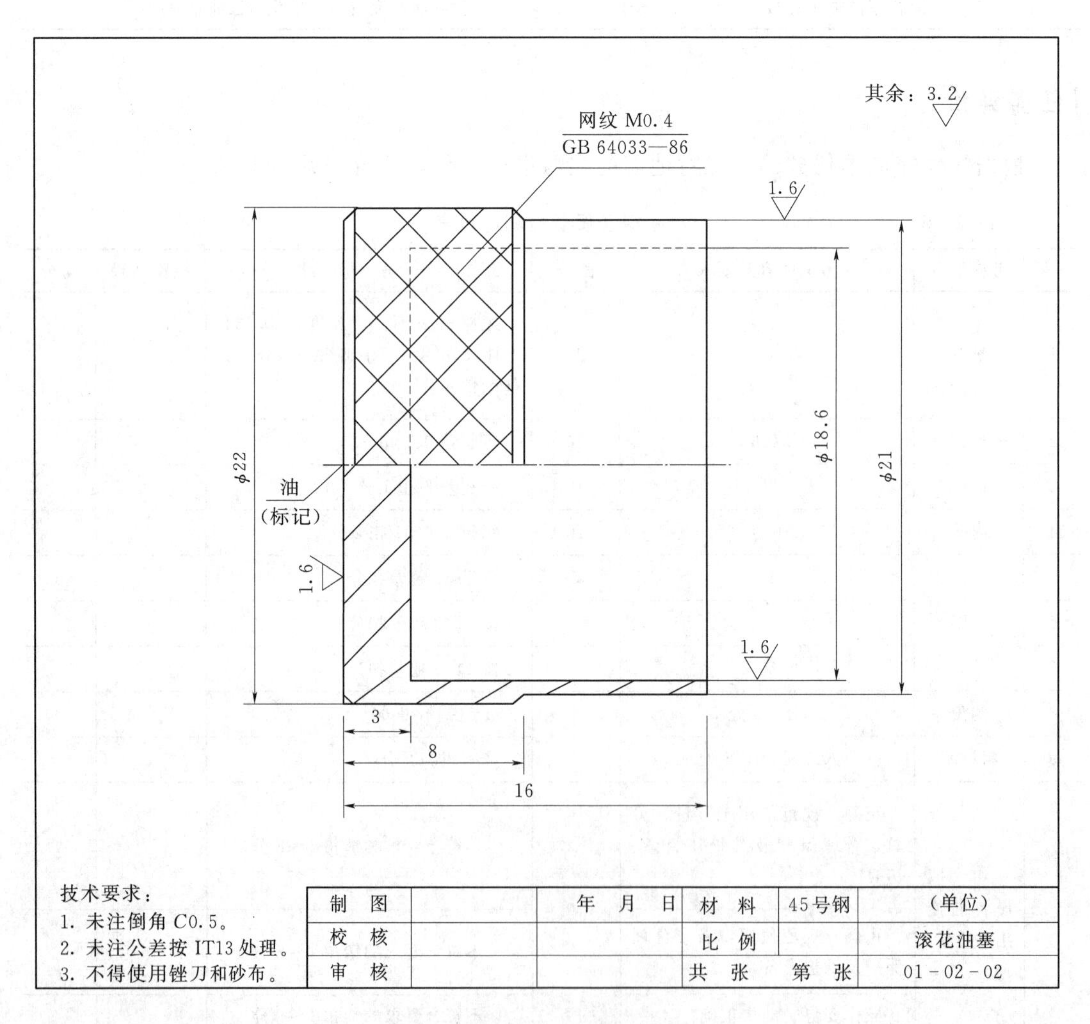

图1-2-6　滚花油塞图样

任务三　车 削 单 球 手 柄

【任务描述】

江门某机床设备厂现生产机床设备，现订制一批与之配套的操作性单球手柄，数量 60 件，工期 5 天，材料、加工要求见生产任务书。

【生产任务书】

零件施工单见表 1-3-1，单球手柄图样如图 1-3-1 所示。

表 1-3-1　　零 件 施 工 单

投放日期：＿＿＿＿＿＿　　班组：＿＿＿＿＿＿　　要求完成任务时间：＿＿天

材料尺寸及数量：ϕ30mm ×100mm，60 件

图　号	零 件 名 称		计 划 数 量		完 成 数 量
01-03-01	单球手柄		60 件		
加工成员姓名	工序	合格数	工废数	料废数	完成时间
班组质检				抽检	
总质检					

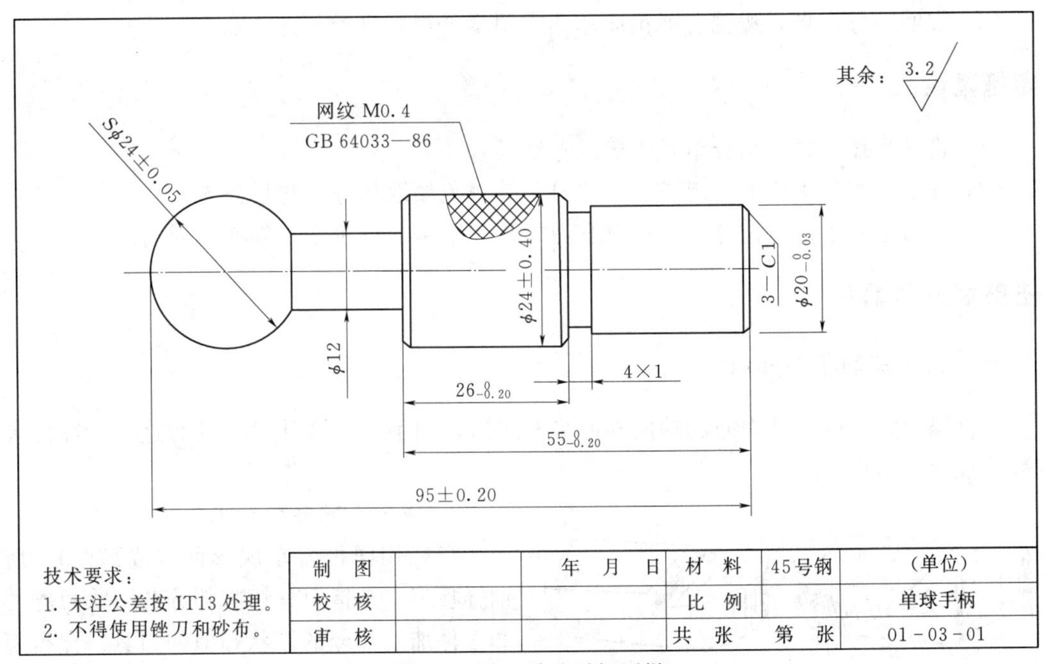

图 1-3-1　单球手柄图样

【任务分析】

本任务是使用毛坯料为 ϕ30mm×100mm 的钢料在以往车削外圆，切槽、滚花的课题基础上，车削单球手柄（图 1-3-1），其中包括圆球的知识、操作设备及工具准备、圆弧刀的选用、切削用量的选择等，作为准备内容，见表 1-3-2。

表 1-3-2　　完成单球手柄必须进行的准备内容

序　　号	内　　容
1	圆球相关理论知识
2	操作设备及工具准备
3	工件的安装及车削圆球工艺安排
4	圆球车削前的加工外圆尺寸
5	切削用量的选择
6	操作要点及安全注意事项

【实施目标】

通过单球手柄产品加工，了解企业生产的管理流程；锻炼学生表达与沟通能力；能正确选择和运用刀具；能合理安排车削成形面加工工艺；能合理安排工作岗位，安全操作机床加工产品。

(1) 质量目标：能按单球手柄车削要求安排车削步骤，并按照普通车床操作的安全规程、车间安全防护规定，操作车床加工出产品。

(2) 安全目标：严格按照普通车床车间安全操作规程进行任务作业。

(3) 文明目标：自觉按照普通车床车间文明生产规则进行任务作业。

【实施建议】

(1) 将学生按人数平均分组，明确任务组长。

(2) 分别以车间主任、班组长、一线员工等角色领取任务，责任到人。

(3) 适时组织小组讨论分工、信息学习、加工工步、评价学习等教学活动。

【任务信息学习】

一、圆球车削相关知识

在机器中，有些零件表面的轴向剖面呈曲线形，如手柄、圆球等，具有这些特征的表面称为成形面。

1. 成形面零件的加工方法

(1) 用样板刀车成形面（成形法）。所谓样板刀，是指刀具切削部分的形状刃磨得和工件加工部分的形状相似的刀具。样板刀可按加工要求做成各种式样，如图 1-3-2

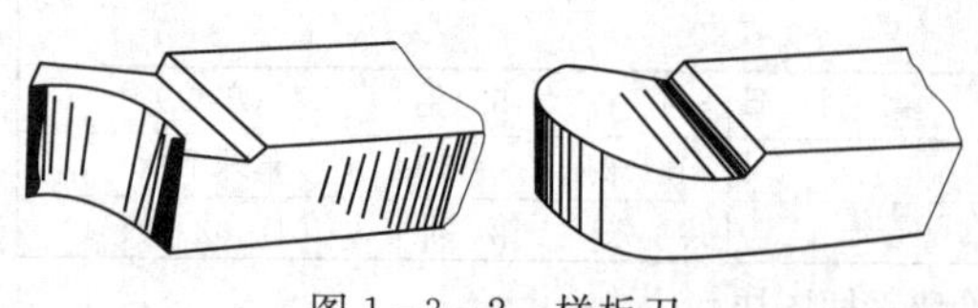

图 1-3-2　样板刀

所示，其加工精度主要靠刀具保证。由于切削时接触面较大，因此切削抗力也大，容易出现振动和工件移位。为此，切削速度应取小些，工件装夹必须牢靠。

（2）用仿形法车成形面。在车床上用仿形法车成形面的方法很多，如图 1－3－3 所示。其车削原理基本上和仿形法车圆锥体的方法相似，只需事先做一个与工件形状相同的曲面仿形即可。当然，也可用其他专用工具，如用蜗杆副传动车圆弧工具和旋风切削法车圆球等。

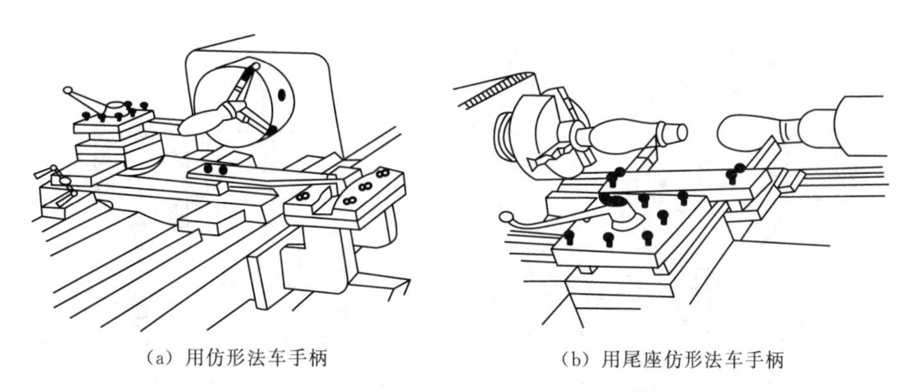

（a）用仿形法车手柄　　（b）用尾座仿形法车手柄

图 1－3－3　仿形法车削成形面

（3）双手控制法车成形面。如图 1－3－4 所示，在单件加工时，通常采用双手控制法车成形面，即用双手同时摇动小滑板手柄和中滑板手柄，并通过双手协调的动作，使刀尖走过的轨迹与所要求的成形面曲线相仿，这样就能车出需要的成形面。当然也可采用摇动床鞍手柄和中滑板，手柄的协调动作来进行加工。双手控制法车成形面的特点是灵活、方便，不需要其他辅助工具，但需较高的技术水平。

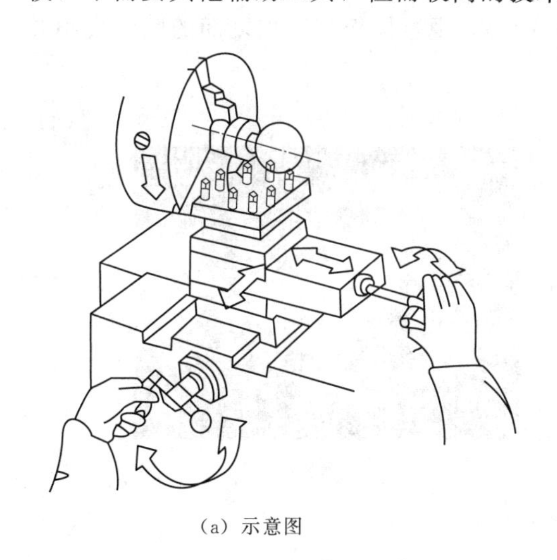

（a）示意图

（b）实操图

图 1－3－4　双手控制法车削手柄

2. 车单球手柄的方法

车球面时，纵、横向进给的移动速度对比分析如图 1－3－5 所示。当车刀从 a 点出发，经过 b 点至 c 点，纵向进给的速度是快—中—慢，横向进给的速度是慢—中—快，即纵向进给是减速度，横向进给是加速度。

车单球手柄时方法如下：

（1）一般先车圆球直径和柄部直径及长度（留精车余量0.2～0.3mm），如图1-3-5所示。

（2）然后用半径R为2～3mm的圆头车刀从a点向左（c点）、右（b点）方向逐步把余量车去（图1-3-6）。

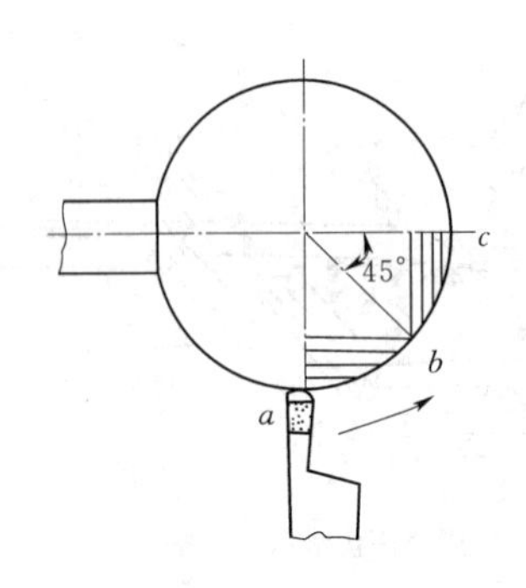

图1-3-5　车圆球时纵、横速度的变化

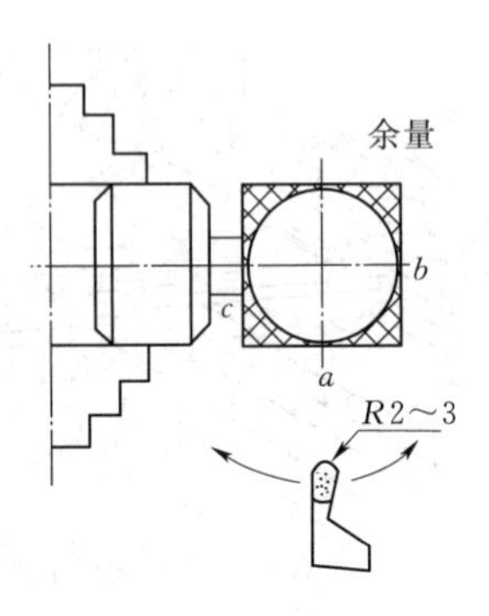

图1-3-6　车单球手柄方向

（3）在c点处用切断刀修清角。

（4）修整：由于手动进给车削，工件表面往往留下高低不平的痕迹，因此必须用锉刀、砂布进行表面抛光。

3. 球面的测量和检查

为了保证球面的外形正确，在车削过程中应边车边检测。检测球面的常用方法有：

（1）用样板检查。用样板检查时应对准工件中心，观察样板与工件之间的间隙大小并修整球面，如图1-3-7所示。

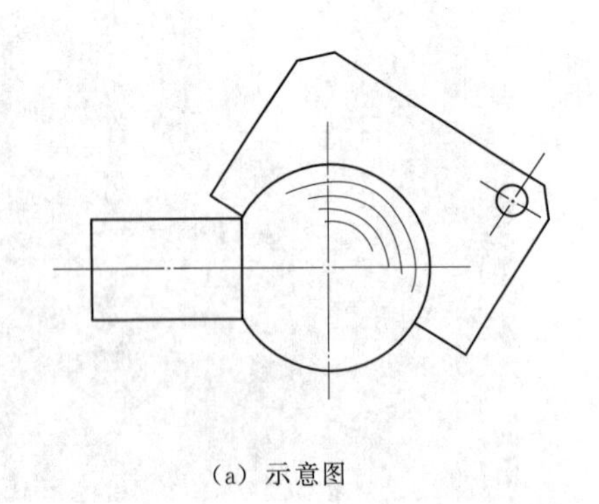

（a）示意图

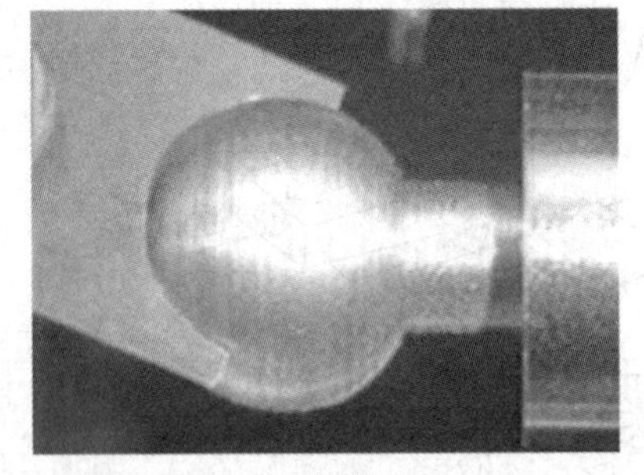

（b）实操图

图1-3-7　用样板进行检查

（2）千分尺等进行检查。用千分尺检查球面时应通过工件中心，并多次变换测量方向，使其测量精度在图样要求范围之内，如图1-3-8所示。

4. 表面修光

经过精车以后的工件表面，如果还不够光洁，可以用锉刀、砂布进行修整抛光。

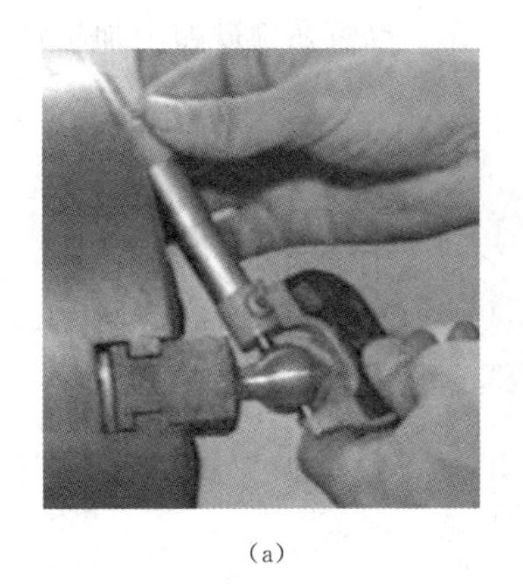
(a)

(b)

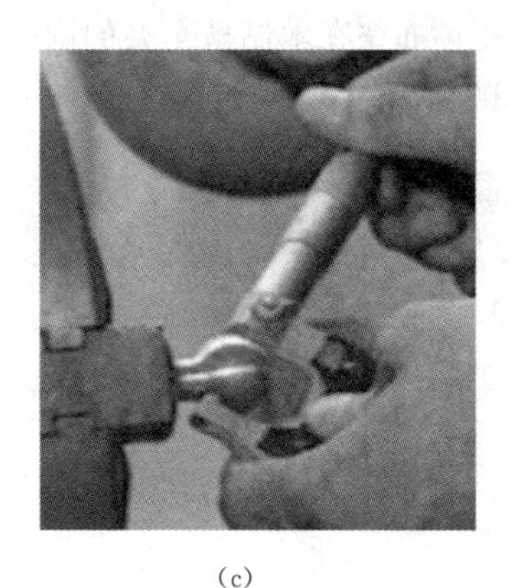
(c)

图 1-3-8　用千分尺检测圆球

（1）锉刀修光。在车床上用锉刀修光外圆时，通常选用细纹板锉和特细纹板锉（油光锉）进行［图 1-3-9（a）］。其锉削余量一般在 0.03mm 之内，这样才不易使工件锉扁。在锉削时，为了保证安全，最好用左手握柄，右手扶住锉刀前端锉削，如图 1-3-9（b）所示，避免勾衣伤人。在车床上锉削时，推锉速度要慢（一般 40 次/min 左右），压力要均匀，缓慢移动前进，否则会把工件锉扁或呈节状。锉削时最好在锉齿面上涂一层粉笔末，以防锉屑滞塞在锉齿缝里，并要经常用铜丝刷清理齿缝，这样才能锉削出较好的工件表面。

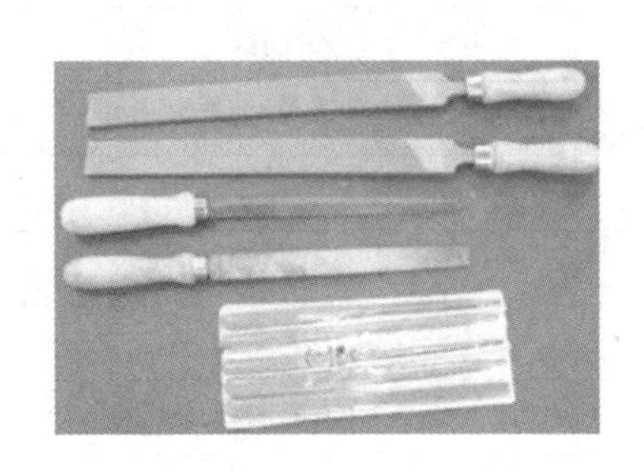
(a) 细纹板锉和特细纹板锉

(b) 锉刀握法实操图

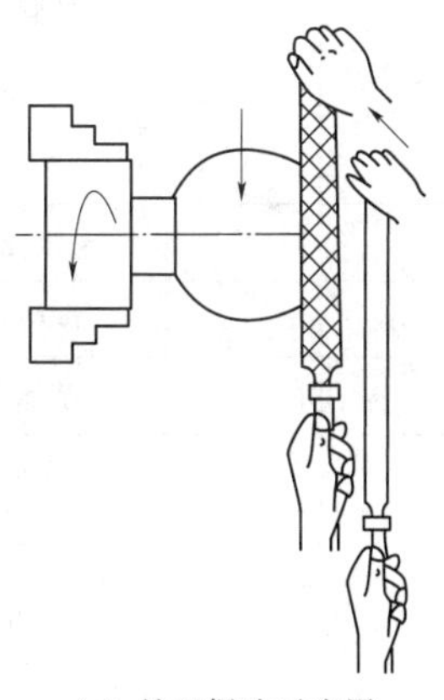
(c) 锉刀握法示意图

图 1-3-9　用锉刀修饰圆球表面

（2）砂布抛光。工件经过锉削以后，其表面仍有细微痕迹，这时可用砂布［图 1-3-10（a）］抛光。

在车床上抛光用的砂布一般用金刚砂制成。常用的型号有：零零号、零号、一号、一号半和二号等。其号数越小，砂布越细，抛光后的表面粗糙度值越低。

使用砂布抛光工件时，移动速度要均匀，车床转速应提高些。抛光的方法一般是将砂布垫在锉刀下面进行。这样比较安全，而且抛光的工件质量也较好。也可用手直接捏住砂布进行抛光，如图 1-3-10（a）和图 1-3-10（b）所示。成批抛光最好用抛光夹抛光。

把砂布垫在木制抛光夹的圆弧中，再用手捏紧抛光夹进行抛光，也可在细砂布上加机油抛光。

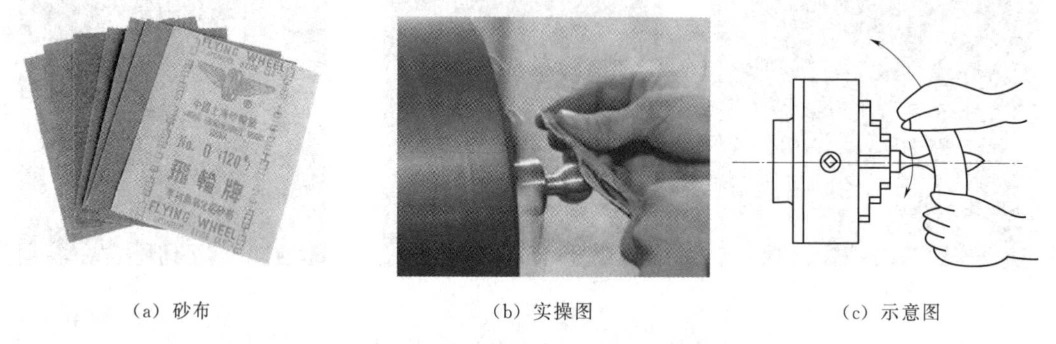

(a) 砂布　　(b) 实操图　　(c) 示意图

图 1-3-10　用砂布修饰圆球表面

二、操作设备、工具准备

本任务需要准备的操作设备、工具见表 1-3-3。

表 1-3-3　　**操作设备、工具**

序　号	设备、工具名称	单　位	数　量	用　　途
1	CM6132A 车床	台	24	主要加工设备
2	外圆车刀	把	48	车外圆、端面、倒角
3	切槽刀	把	48	切槽
4	圆弧刀	把	48	车圆球
5	滚花刀	把	24	滚网纹
6	垫片	块	数块	用以垫滚花刀或车刀
7	游标卡尺	把	24	测量外径、长度
8	千分尺	把	24	测量外径、圆球
9	活顶	个	24	用于装夹工件
10	工程图	张	24	主要图样
11	ϕ30mm×100mm 的钢料	件	49	主要加工材料

三、车削圆球工艺安排

圆球工件一般不能作为工件的装夹表面，所以车削工件的成形面时，应安排在粗车之后、精车之前进行，也可以在一次装夹中车削完成；车削数量较少时，车削单球手柄可以直接用三爪卡盘装夹方法。

四、圆球车削前的外圆加工尺寸

圆球的 L 长度计算如图 1-3-11 所示，其计算式如下

$$L=\frac{1}{2}(D+\sqrt{D^2-d^2})$$

式中 L——圆球部分的长度，mm；

D——圆球的直径，mm；

d——柄部直径，mm。

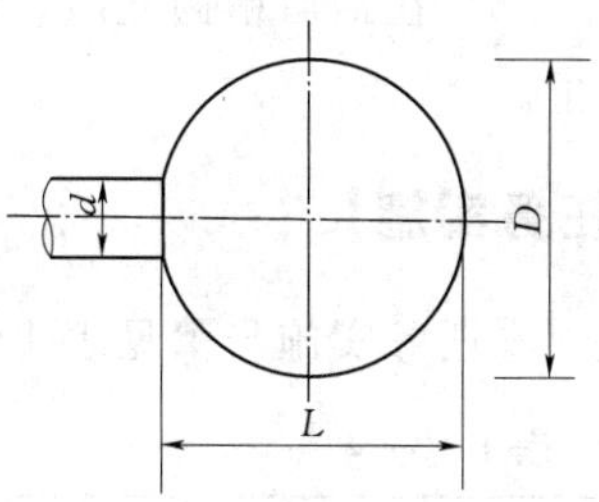

图 1-3-11 圆球 L 长度计算示意

五、切削用量的选择

车圆球时，刀的材料为高速钢，应选较低的主轴转速，一般为 100～200r/min；采用双手控制刀具的纵横向移动来实现加工圆球表面。

六、操作要点及安全注意事项

1. 双手控制法车削圆球注意事项

(1) 双手控制法的操作关键是双手配合要协调、熟练。要求准确控制车刀切入深度，防止将工件局部车小。

(2) 装夹工件时，伸出长度应尽量短，以增强其刚度。若工件较长，可采用一夹一顶的方法装夹。

(3) 为使每次接刀过渡圆滑，应采用主切削刃为圆头的车刀。

(4) 车削成形面时，车刀最好从成形面高处向低处递进。为了增加工件刚度，先车离卡盘远的一段成形面，后车离卡盘近的成形面。

(5) 用双手控制法车削复杂成形面时，应将整个成形面分解成几个简单的成形面逐一加工。

(6) 无论分解成多少个简单的成形面，其测量基准都应保持一致，并与整体成形面的基准重合。

(7) 对于既有直线又有圆弧的曲线，应先车直线部分，后车圆弧部分。

2. 使用锉刀修光和砂布抛光的注意事项

(1) 锉刀修光时，不准用无柄锉刀，且应注意操作安全。

(2) 操作时，应以左手握锉刀柄，右手握锉刀前端，以免卡盘钩衣伤人。

(3) 锉刀修光时，应合理选择锉削速度：若锉削速度过高，则容易造成锉齿磨钝；若锉削速度过低，则容易把工件锉扁。

(4) 要努力做到轻缓均匀：推锉的力量和压力不可过大或过猛，以免把工件表面锉出沟纹或锉成节状等；推锉速度要缓慢（一般为 40 次/min 左右）。

(5) 要尽量利用锉刀的有效长度。同时，锉刀纵向运动时，注意使锉刀平面始终与成形表面各处相切，否则会将工件锉成多边形等不规则形状。

(6) 进行精细修锉时，除选用油光锉外，可在锉刀的锉齿面上涂一层粉笔末，并经常用铜丝刷清理齿缝，以防锉屑嵌入齿缝而划伤工件表面。

(7) 用砂布抛光工件时，应选择较高的转速，并使砂布在工件表面上来回缓慢而均匀地移动。

（8）在最后精抛光时，可在砂布上加些机油或金刚砂粉，这样可以获得更好的表面质量。

【任务实施】

本任务实施步骤见表1-3-4。

表1-3-4　任务实施步骤

步骤	实施内容	完成者	说明
1	审图、确定加工工艺	教师、全体学生	教师引导学生进行审图、确定加工工艺
2	工件装夹	学生	教师指导学生把工件装夹牢固
3	车端面、外圆、倒角	学生	学生先根据工程图的图样要求，把外圆、切槽车好
4	安装圆弧刀	教师、学生	教师讲解圆弧刀的安装要求，组织小组教师演示圆弧刀安装，安排每位学生轮流观看一次，然后指导学生按要求安装圆弧刀
5	选择切削用量	教师、学生	教师演示选择转速100～200r/min之间；指导学生选择切削用量
6	车削圆球方法	教师、学生	教师先讲解圆球加工要求、方法、注意事项，演示采用双手控制刀具的纵横向移动来实现圆球表面加工，达到图样要求
7	综合车削加工完成	全体学生	教师演示完成后，学生自己独立完成

【任务评价】

根据学生完成本任务的情况对他们的实习进行评价，评价表见表1-3-5。

表1-3-5　圆球手柄质量检测评价表

序号	考核项目	考核内容及要求	配分	评分标准	检验结果	得分
1	圆球	$S\phi 24\pm 0.05$	20	用样规检查透光程度，根据情况酌情扣分		
2	外圆	$\phi 20_{-0.033}^{0}$	10	每超差0.01扣2分		
3		$\phi 24\pm 0.4$	10	每超差0.1扣5分		
4		$\phi 12$	10	按IT13超差扣分		
5	长度	$26_{-0.2}^{0}$	5	每超差0.01扣1分		
6		$55_{-0.2}^{0}$	5	每超差0.01扣1分		
7		95 ± 0.2	5	每超差0.01扣1分		
8	滚花	M0.4	6	纹路清晰不乱，深度约0.264，节距1.256；不清晰扣3分，其他酌情扣分		

续表

序号	考核项目	考核内容及要求	配分	评　分　标　准	检验结果	得分
9	切槽	4×1	3	按 IT13 超差扣分		
10	倒角	$C1$，3 处	3	m 超差不得分		
11	粗糙度	$R_a3.2\mu m$，3 处	3	降一级扣 2 分		
12	工具、设备的使用与维护	正确、规范使用工、量、刃具，合理保养及维护工、量、刃具	10	不符合要求酌情扣 1～8 分		
		正确、规范使用设备，合理保护及维护设备		不符合要求酌情扣 1～8 分		
		操作姿势、动作正确		不符合要求酌情扣 1～8 分		
13	安全与其他	安全文明生产，按国家颁布的有关法规或企业自定的有关规定	10	一项不符合要求扣 2 分，发生较大事故者取消考试资格		
		操作、工艺规范正确		一处不符合要求扣 2 分		
		工件各表面无缺陷		不符合要求酌情扣 1～8 分		
总分：						

【扩展视野】

应用：车削车床中小滑板手柄（图 1－3－12）。

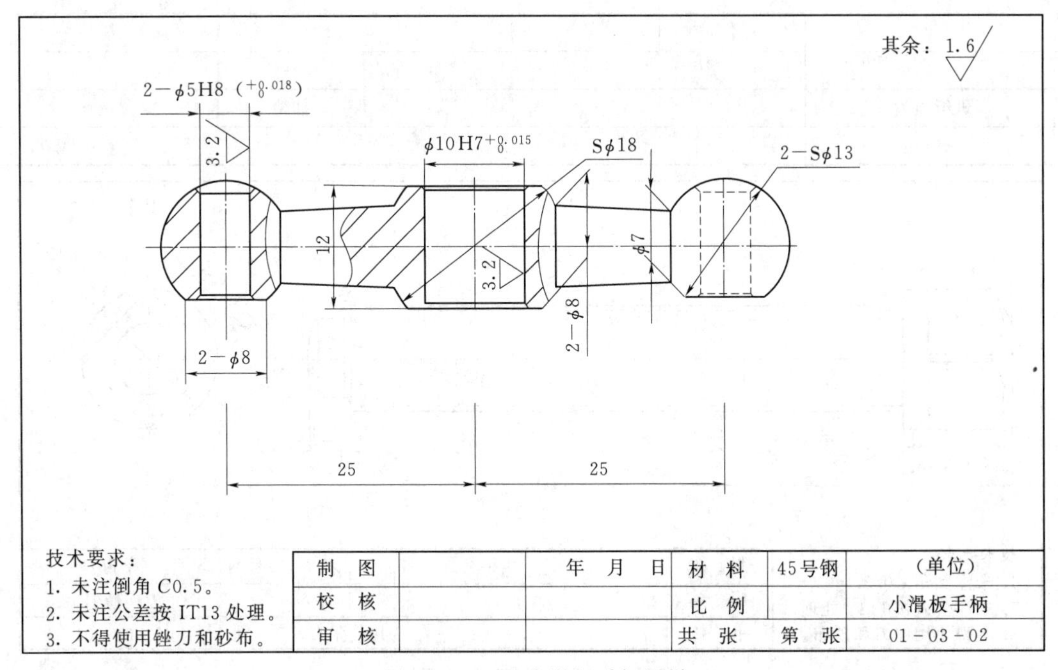

图 1－3－12　小滑板手柄图样

项目二　车削三角形螺纹

任务一　车削刀架螺钉

【任务描述】

江门某机床设备厂现生产机床设备，现订制一批普通车床的刀架螺钉来配套，数量120件，工期5天，材料、加工要求见生产任务书。

【生产任务书】

零件施工单见表2-1-1，刀架螺钉图样如图2-1-1所示。

表2-1-1　　零件施工单

投放日期：__________　班组：__________　要求完成任务时间：____天

材料尺寸及数量：ϕ25mm ×90mm，120件

图　号	零件名称		计划数量		完成数量
02-01-01	刀架螺钉		120件		
加工成员姓名	工序	合格数	工废数	料废数	完成时间
班组质检				抽检	
总质检					

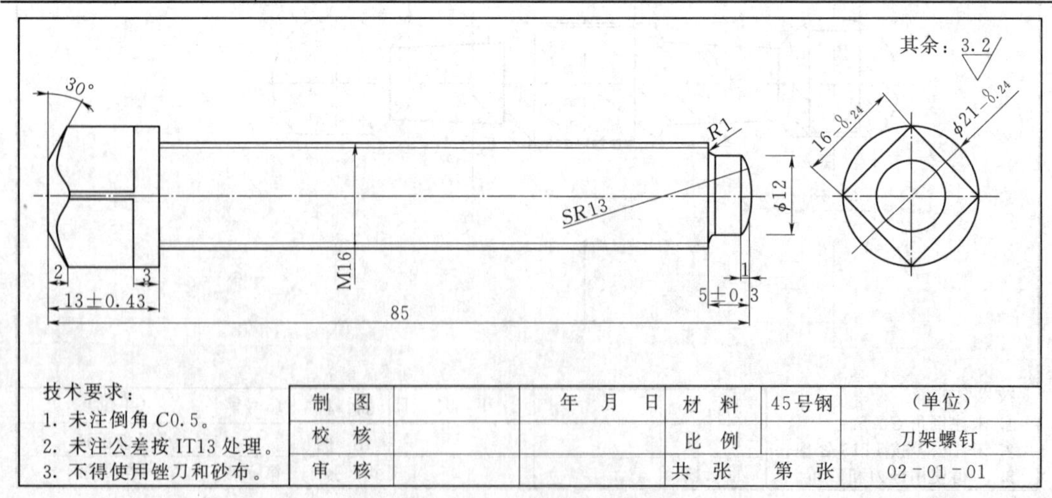

图2-1-1　刀架螺钉图样

【任务分析】

本任务是使用毛坯料为 ϕ25mm×90mm 的钢料，在以往车削外圆、切断的课题基础上，车削刀架螺钉（图 2-1-1），其中包括车削三角螺纹的基本知识、操作设备及工具准备、三角螺纹刀刃磨与安装、三角螺纹车削工艺安排、三角螺纹的测量等作为准备，见表 2-1-2。

表 2-1-2　　完成车削刀架螺钉必须进行的准备内容

序　号	内　容
1	三角螺纹的基本知识
2	操作设备及工具准备
3	三角螺纹刀刃磨与安装
4	三角螺纹车削工艺安排
5	三角螺纹的测量
6	操作要点及安全注意事项

【实施目标】

通过刀架螺钉加工，了解企业生产的管理流程；锻炼学生表达与沟通能力；能正确选择和运用刀具；能合理安排车削外三角螺纹加工工艺；能合理安排工作岗位，安全操作机床加工产品。

（1）质量目标：能按刀架螺钉车削要求安排车削步骤，并按照普通车床操作的安全规程、车间安全防护规定，操作车床加工出产品。

（2）安全目标：严格按照普通车床车间安全操作规程进行任务作业。

（3）文明目标：自觉按照普通车床车间文明生产规则进行任务作业。

【实施建议】

（1）将学生按人数平均分组，明确任务组长。

（2）分别以车间主任、班组长、一线员工等角色领取任务，责任到人。

（3）适时组织小组讨论分工、信息学习、加工工步、评价学习等教学活动。

【任务信息学习】

一、三角螺纹的基本知识

1. 螺旋线的形成

螺旋线的形成原理如图 2-1-2 所示。直角三角形 ABC 围绕圆柱旋转一周，斜边 AC 在圆柱表面上所形成的曲线，就是螺旋线。

2. 螺纹

在圆柱表面上，沿着螺旋线所形成的、具有相同剖面的连续凸起和沟槽称为螺纹。图

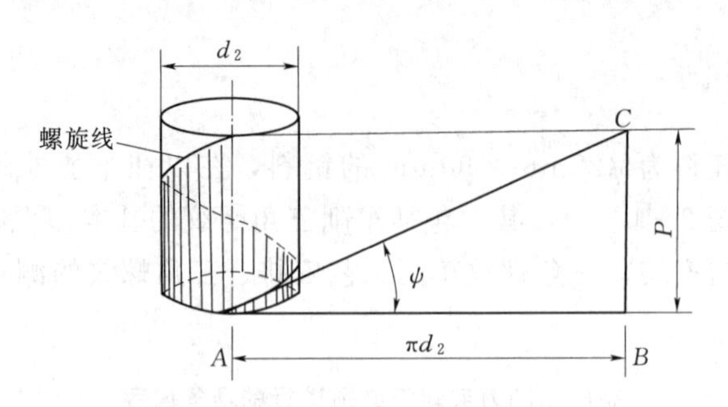

图 2-1-2 螺旋线的简单形成原理

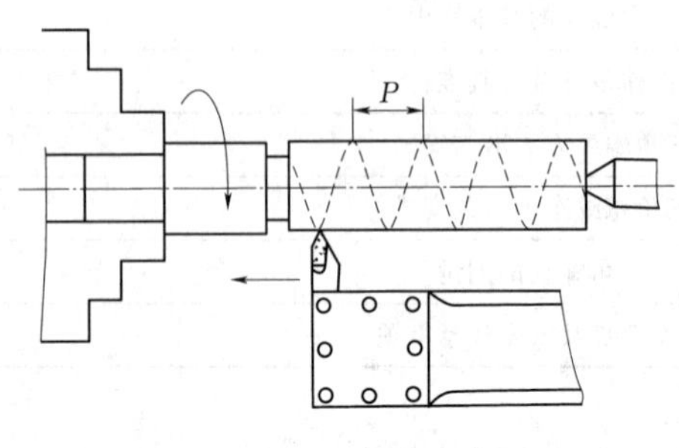

图 2-1-3 螺纹示意图

2-1-3 所示为车床上车削螺纹的示意图。当工件旋转时，车刀沿工件轴线方向作等速移动即可形成螺旋线，经多次进给后便成为螺纹。

（1）沿向右上升的螺旋线形成的螺纹（即顺时针旋入的螺纹）称为右旋螺纹，简称右螺纹。

（2）沿向左上升的螺旋线形成的螺纹（即逆时针旋入的螺纹）称为左旋螺纹，简称左螺纹。

（3）在圆柱表面上形成的螺纹称为圆柱螺纹。

（4）在圆锥表面上形成的螺纹称为圆锥螺纹。

3. 螺纹的用途

螺纹按用途可分为连接螺纹和传动螺纹；按牙型可分为三角形螺纹、管螺纹、矩形螺纹、圆形螺纹、梯形螺纹和锯齿形螺纹；按螺旋线方向可分为右旋螺纹和左旋螺纹；按螺旋线线数可分为单线螺纹和多线螺纹；按母体形状可分为圆柱螺纹和圆锥螺纹等。螺纹按用途和牙型分类情况如图 2-1-4 所示。

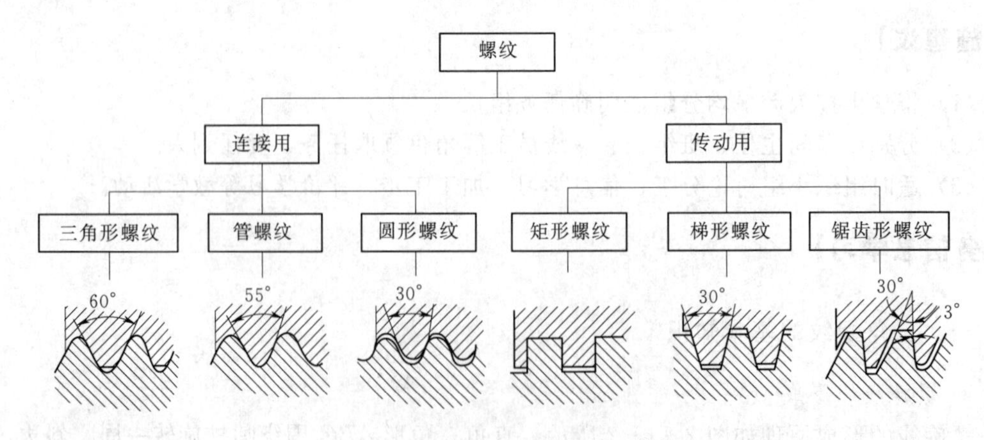

图 2-1-4 螺纹的用途和牙型分类

螺纹各用途及其代表工具有：

（1）连接紧固螺纹螺母：虎钳、卡盘。

(2) 传动：丝杆。

(3) 测量：螺杆、螺纹量规。

(4) 调节：调节阀、千斤顶。

(5) 切削：丝锥、板牙。

4. 螺纹的基本要素

螺纹牙型是在通过螺纹轴线剖面上的螺纹轮廓形状。下面以普通螺纹的牙型为例（图 2-1-5），介绍螺纹的基本要素。

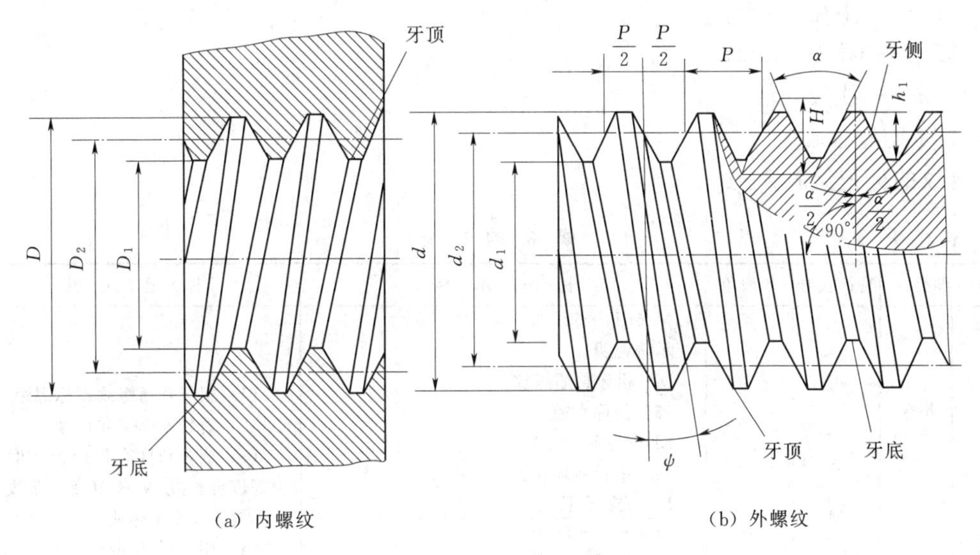

(a) 内螺纹　　(b) 外螺纹

图 2-1-5　普通螺纹基本要素

(1) 牙型角（α）。牙型角是在螺纹牙型上，相邻两牙侧间的夹角（图 2-1-5）。

(2) 牙型高度（h_1）。牙型高度是在螺纹牙型上牙顶到牙底之间、垂直于螺纹轴线的距离（图 2-1-5）。

(3) 螺纹大径（d、D）。螺纹大径（又称为公称直径）是指与外螺纹牙顶或内螺纹牙底相切的假想圆柱或圆锥的直径。外螺纹和内螺纹的大径分别用 d 和 D 表示。

(4) 螺纹小径（d_1、D_1）。螺纹小径是指外螺纹牙底或内螺纹牙顶相切的假想柱或圆锥的直径。外螺纹和内螺纹的小径分别用 d_1、D_1 表示。

(5) 螺纹中径（d_2、D_2）。指一个假想圆柱或圆锥的直径，该圆柱或圆锥的素线通过牙型上沟槽和凸起宽度相等的地方。同规格的外螺纹中径 d_2 和内螺纹中径 D_2 的公称尺寸相等。

(6) 螺距 P。螺距是指相邻两牙在中径线上对应两点间的轴向距离。

(7) 导程 P_h。导程是指同一条螺旋线上相邻两牙在中径线上对应两点间的轴向距离。

导程的计算为

$$P_h = nP$$

式中　n——线数；

P——螺距，mm。

（8）螺纹升角（ψ）。在中径圆柱上，螺旋线的切线与垂直于螺纹轴线的平面之间的夹角（图2-1-2）。

螺纹升角的计算为

$$\tan\psi=\frac{P_{h}}{\pi d_{2}}=\frac{nP}{\pi d_{2}}$$

式中　ψ——螺纹升角，(°)；

P——螺距，mm；

d_2——中径，mm；

P_h——导程，mm；

n——线数。

5. 螺纹的标记

螺纹的标记见表2-1-3。

表2-1-3　　螺纹的标记

<table>
<tr><th colspan="2">螺纹种类</th><th>特征代号</th><th>牙型角</th><th>标记示例</th><th>标记方法</th></tr>
<tr><td rowspan="2">普通螺纹</td><td>粗牙</td><td rowspan="2">M</td><td rowspan="2">60°</td><td>M16LH—6g—L
示例说明：
M—粗牙普通螺纹；
16—公称直径；
LH—左旋；
6g—中径和顶径公差带代号；
L—长旋合长度</td><td rowspan="2">（1）粗牙普通螺纹不标螺距。
（2）右旋不标旋向代号。
（3）旋合长度有长旋合长度 L，中等旋合长度 N 和短旋合长度 S，中等旋合长度不标注。
（4）螺纹公差带代号中，前者为中径的公差带代号，后者为顶径的公差带代号，两者相同时则只标一个</td></tr>
<tr><td>细牙</td><td>M16×1—6H7H
示例说明：
M—细牙普通螺纹；
16—公称直径；
1—螺距；
6H—中径公差带代号；
7H—顶径公差带代号</td></tr>
<tr><td colspan="2">梯形螺纹</td><td>Tr</td><td>30°</td><td>Tr36×12（P6）—7H
示例说明：
Tr—梯形螺纹；
36—公称直径；
12—导程；
P6—螺距为6mm；
7H—中径公差带代号；
右旋、双线、中等旋合长度</td><td rowspan="3">（1）单线螺纹只标螺距，多线螺纹应同时标导程和螺距。
（2）右旋不注旋向代号。
（3）旋合长度只有长旋合长度和中等旋合长度两种，中等旋合长度不标注。
（4）只标中径公差带代号</td></tr>
<tr><td colspan="2">锯齿形螺纹</td><td>B</td><td>33°</td><td>B40×7—7A
示例说明：
B—锯齿形螺纹；
40—公称直径；
7—螺距；
7A—公差带代号</td></tr>
<tr><td colspan="2">矩形螺纹</td><td></td><td>0°</td><td>矩形 40×8
示例说明：
40—公称直径；
8—螺距</td></tr>
</table>

6. 常用 M6～M30 螺纹的螺距

常用 M6～M30 螺纹的螺距见表 2-1-4。

表 2-1-4　　常用 M6～M30 螺纹的螺距　　单位：mm

公称直径	螺距	公称直径	螺距
M6	1	M18	2.5
M8	1.25	M20	2.5
M10	1.5	M22	2.5
M12	1.75	M24	3
M14	2	M27	3
M16	2	M30	3.5

二、操作设备、工具准备

本任务需要准备的操作设备、工具见表 2-1-5。

表 2-1-5　　操作设备、工具

序号	设备、工具名称	单位	数量	用途
1	C6132A 车床	台	24	主要加工设备
2	三角螺纹刀	把	24	车三角螺纹
3	切断刀	把	24	切断工件
4	圆弧刀	把	24	车圆弧
5	垫片	块	数块	用以垫车三角螺纹刀或车刀
6	外圆车刀	把	48	车外圆、端面、倒角
7	游标卡尺	把	24	测量外径、长度
8	工程图	张	24	主要图样
9	ϕ25mm×90mm 的钢料	件	25	主要加工材料

三、三角螺纹刀刃磨与安装

1. 三角螺纹车刀的选用

一般情况下，三角螺纹车刀材料有高速钢和硬质合金两种。

选用原则：

(1) 低速车削螺纹时，用高速钢车刀；高速车削时，用硬质合金车刀。

(2) 如果工件是有色金属、铸钢或橡胶，可选用高速钢或 K 类硬质合金；若工件材料是钢料，则选用 P 类或 M 类硬质合金。

2. 三角形螺纹车刀的几何形状及角度的选择

(1) 三角形螺纹车刀的几何形状（图 2-1-6）。

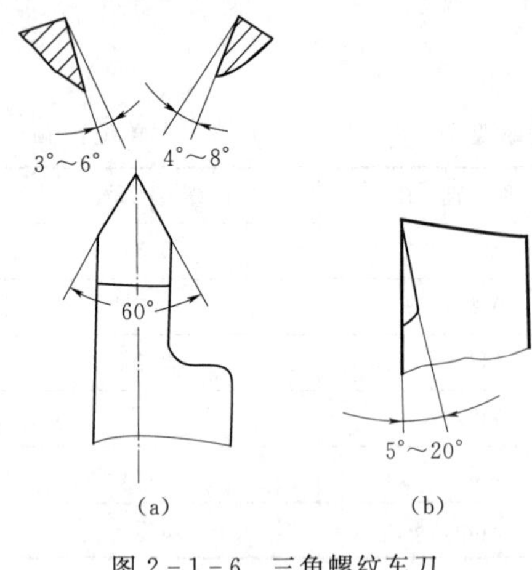

图 2-1-6 三角螺纹车刀

(2) 三角螺纹车刀角度选择。

1) 刀尖角应等于牙型角。车普通螺纹时为60°，英制螺纹时为55°。

2) 前角一般为0°～15°。因为螺纹车刀的纵向前角对牙型角有很大影响，粗车时，为了顺利车削，径向前角取得大一些，$\gamma_p=5°\sim15°$；精车时，精度要求高的螺纹，径向前角取得小些，约0°～5°。

3) 后角一般为3°～5°。由于螺纹升角 ψ 会使车刀沿时给方向一侧的工作后角变小，使另一侧后角增大，为了避免车刀后面与螺纹牙侧发生干涉，保证顺利进行车削，车刀沿进给方向一侧的后角磨成工作后角加上螺纹升角，即 $\alpha_0=(3°\sim5°)+\psi$；为了保证车刀的强度，另一侧的后角则磨成工作后角减去螺纹升角，即 $\alpha_0=(3°\sim5°)-\psi$。但对于大直径、小螺距的三角螺纹，这种影响可忽略不计。

3. 三角形螺纹车刀的刃磨

(1) 刃磨要求。

1) 根据粗、精车的要求，刃磨出合理的前、后角。粗车刀前角大、后角小，精车刀则相反。

2) 车刀的左右刀刃必须是直线，无崩刃。

3) 刀头不歪斜，牙型半角相等。

(2) 刃磨步骤。

1) 粗磨两侧后面，初步形成两刀刃间的夹角。

2) 粗磨前面，初步形成前角。

3) 精磨前面，形成前角。

4) 精密两侧后面，用螺纹对刀样板（图 2-1-7）控制刀尖角。

5) 修磨刀尖，刀尖倒棱宽度约为 $0.1P$（P 为螺距）。

6) 用油石研磨刀刃处的前、后面和刀尖圆弧，注意保持车刀锋利。

由于螺纹车刀刀尖角要求高、刀头体积又小，因此刃磨起来比一般车刀困难。在刃磨高速钢螺纹车刀时，若感到发热烫手，必须及时用水冷却，否则容易引起刀尖退火；刃磨硬质合金螺纹车刀时，应注意刃磨顺序，一般是先将刀头后面适当粗磨，随后再刃磨两侧面，以免产生刀尖爆裂。在精磨时，应注意防止压力过大而震碎刀片，同时要防止刀具在刃磨时骤冷、骤热而损坏刀片。

(3) 刀尖角的检查与修正。为了保证磨出准确的刀尖角，在刃磨时可用螺纹角度样板测量，如图 2-1-8 所示。测量时把刀尖角与样板贴合，对准光源，仔细观察两边贴合的间隙，并进行修磨。对于具有纵向前角的螺纹车刀可用一种厚度较厚的特制螺纹样板来测量刀尖角。测量时样板应与车刀底面平行，用透光法检查，这样量出的角度近似等于牙型角。

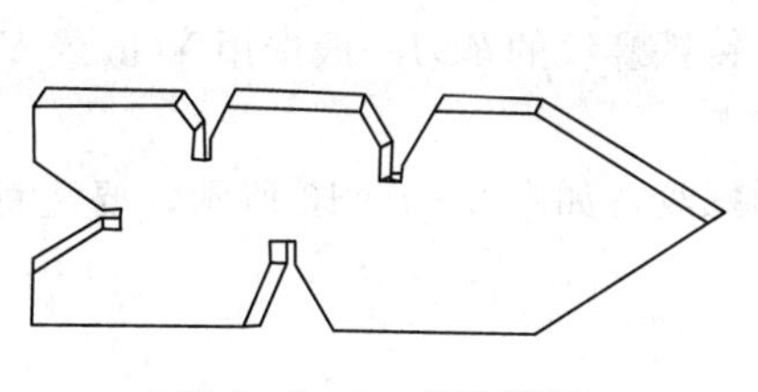

图 2-1-7 对刀板图

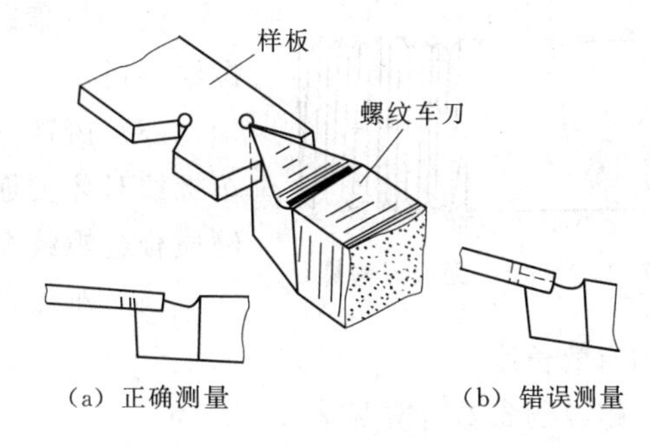

(a) 正确测量 (b) 错误测量

图 2-1-8 对刀板测量修正法

(4) 注意事项。

1) 磨刀时，人的站立位置要正确，特别在刃磨整体式内螺纹车刀内侧刀刃时，不小心就会使刀尖角磨歪。

2) 刃磨高速钢车刀时，宜选用 80 号氧化铝砂轮，磨刀时压力应小于一般车刀，并及时蘸水冷却，以免过热而失去刀刃硬度。

3) 粗磨时也要用样板检查刀尖角，若磨有纵向前角的螺纹车刀，粗磨后的刀尖角略大于牙型角，待磨好前角后再修正刀尖角。

4) 刃磨螺纹车刀的刀刃时，要稍带移动，这样容易使刀刃平直。

5) 车刀刃磨时应注意安全。

4. 三角螺纹刀的安装

(1) 装夹车刀时，刀尖位置一般应对准工件中心（可根据尾座顶尖高度检查）。

(2) 车刀刀尖角的对称中心线必须与工件轴线垂直，装刀时可用样板来对刀，如图 2-1-9 (a) 所示。如果把车刀装歪，就会产生如图 2-1-9 (b) 所示的牙型歪斜。

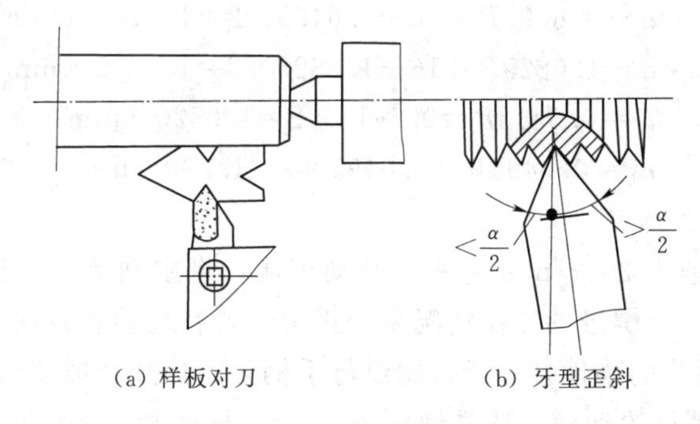

(a) 样板对刀 (b) 牙型歪斜

图 2-1-9 三角螺纹车刀对刀方法

(3) 刀头伸出不要过长，一般为 20～25mm（约为刀杆厚度的 1.5 倍）。

四、三角螺纹车削工艺安排

1. 车螺纹前工件的工艺要求

(1) 螺纹大径一般应车得比基本尺寸小 0.2～0.4mm（约 0.13P）。保证车好螺纹后牙顶处有 0.125P 的宽度（P 为工件螺距）。

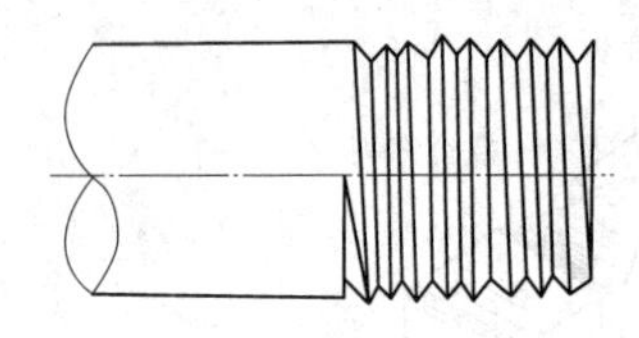

图 2-1-10　无退刀槽螺纹

（2）在车螺纹前先用车刀在工件两端面上倒角至略小于螺纹小径。

（3）铸铁（脆性材料）工件外圆表面粗糙度要小，以免车螺纹时牙尖崩裂。车铸铁螺纹的车刀一般选用 YG6 或 YG8 硬质合金螺纹车刀。

（4）车无退刀槽的螺纹，如图 2-1-10 所示，要注意螺纹的有效长度。

螺纹的参数计算见表 2-1-6。

表 2-1-6　　螺纹的参数计算

基本参数	外螺纹	内螺纹	计算公式
牙型角	α		$\alpha=60°$
螺纹大径	d	D	$d=D$
螺纹中径	d_2	D_2	$d_2=D_2=d-0.6495P$
螺纹小径	d_1	D_1	$d_1=D_1=d-1.0825P$
牙型高度	h_1		$h_1=0.5413P$
实际高度	h_0		$h_0=0.6495P$
牙顶宽	f		$f=0.125P$
牙槽度底宽	w		$w=0.166P$
圆角半径	r		$r=0.1443P$

【例 2-1-1】 试计算 M16 螺纹 d_2、d_1、h_1、h_0 的基本尺寸。

解　已知 $d=16$mm；$P=2$mm，根据表 2-1-6 中计算公式有

$$d_2=d-0.6495P=16-0.6495\times2=14.701\ (\text{mm})$$
$$d_1=d-1.0825P=16-1.0825\times2=13.835\ (\text{mm})$$
$$h_1=0.5413P=0.5413\times2=1.0826\ (\text{mm})$$
$$h_0=0.6495P=0.6495\times2=1.299\ (\text{mm})$$

2. 车螺纹时的动作练习

（1）选择主轴转速为 200r/min 左右，开动车床，将主轴倒、顺转数次，然后合上开合螺母，检查丝杠与开合螺母的工作情况是否正常，若有跳动和自动抬闸现象，必须消除（消除方法：可以用适当的物件挂在开合螺纹母手柄，不让开合螺纹向上跳）。

（2）空刀练习车螺纹的动作，选样螺距为 2mm、长度为 25mm、主轴转速 165～200r/min。开车练习开合螺母的分合动作，先退刀、后提开合螺母（间隔瞬时），动作协调。

（3）试切螺纹。在外圆上根据螺纹长度，用刀尖对准工件，开车并径向进给，使车刀与工件轻微接触，车出一条刻线作为螺纹终止退刀标记，如图 2-1-11 所示。记住中滑板刻度盘读数退刀，将床鞍摇至离工件端面 8～10 牙处，径向进给 0.05mm 左右，调整刻度盘“0”位（以便车螺纹时掌握切削深度），合下开合螺母，在工件表面上车出一条有痕螺旋线，到螺纹终止线时迅速退刀，提起开合螺母（注意螺纹收尾在 2/3 圈之内），用钢直尺或螺距规检查螺距［图 2-1-12（a）］。

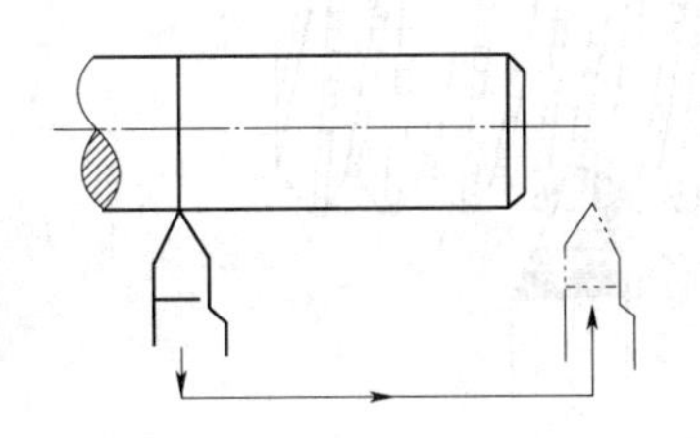

图 2-1-11　螺纹终止退刀标记

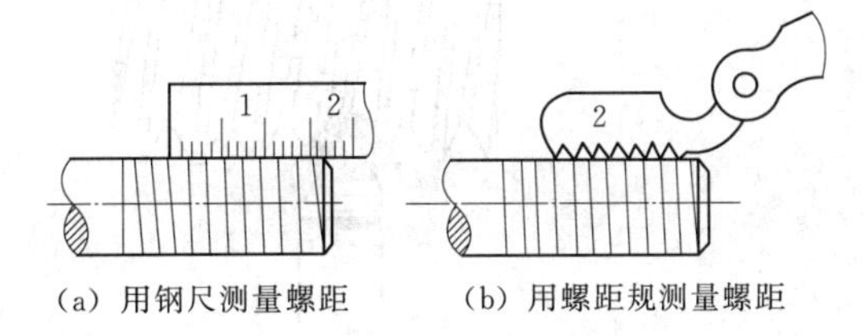

图 2-1-12　螺距检查方法

3. 车削方法

(1) 直进法车削。一般用直进法车削（图 2-1-13）。车螺纹时，螺纹车刀刀尖及左右两侧刀刃都参加切削工作。每次切刀由中滑板作径向进给，随着螺纹深度的加深，切削深度相应减小。这种切削方法操作简单，可以得到比较正确的牙型，适用于螺距小于 2mm 和脆性材料的螺纹车削。

(2) 采用左右借刀法或斜进法，如图 2-1-14 所示。采用左右借刀法车螺纹时，除了用中滑板刻度控制车刀的径向进给外，同时使用小滑板的刻度，使车刀左、右微量进给 [图 2-1-14 (a)]，要合理分配切削余量。粗车时亦可采用斜进法 [图 2-1-14 (b)]，顺走刀一个方向偏移。一般每边留精车余量 0.2～0.3mm。精车时，为了使螺纹两侧面都比较光洁，当一侧面车光以后，再将车刀偏移另一侧面车削。两侧面均车光后，将车刀移到中间，把牙底部车光或用直进法，以保证牙底清晰。精车时采用低的切削速度（v_c<6m/min）和浅的切刀深度（a_p<0.05mm）。粗车时 v_c=10.2～15m/min，a_p=0.15～0.3mm。斜进切削法操作较复杂，偏移的借刀量要适当，否则会将螺纹车乱或牙顶车尖。它适用于低速切削螺距大于 2mm 的塑性材料。由于车刀用单面切削 [图 2-1-15 (b)]，所以不容易产生扎刀现象。在车削过程中亦可用观察法控制左右微进给量。当排出的切屑很薄时 [像锡箔一样，如图 2-1-15 (a) 所示]，车出的螺纹表面粗糙度小。

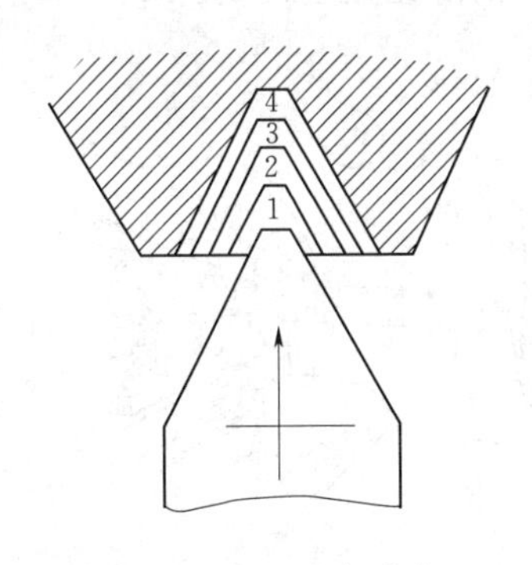

图 2-1-13　直进法

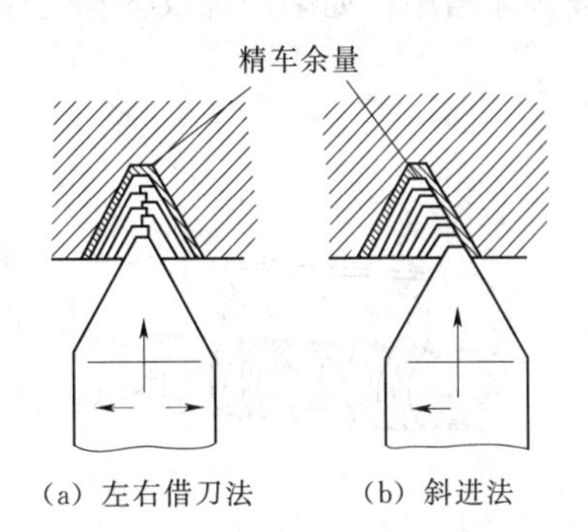

图 2-1-14　左右借刀法和斜进法

4. 中途对刀的方法

中途换刀或车刀刃磨后须重新对刀，即车刀不切入工件而按下开合螺母，待车刀移到工件表面处，立即停车；摇动中、小滑板，使车刀刀尖对准螺旋槽，然后再开车，观察车刀刀尖是否在槽内，直至对准再开始车削。

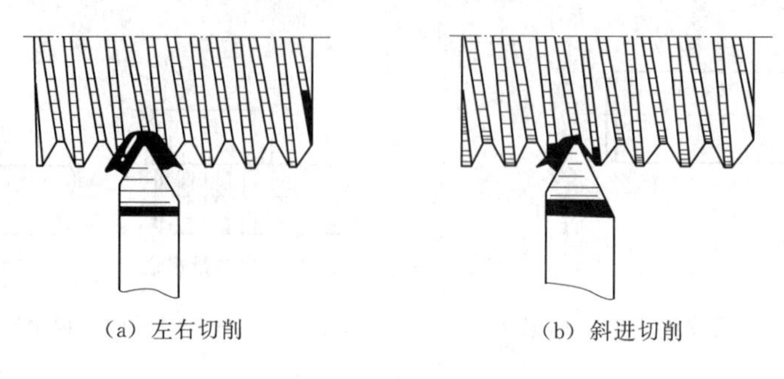

(a) 左右切削　　(b) 斜进切削

图 2-1-15 螺纹切削面

5. 乱牙及其避免方法

在第一次进刀完毕以后，第二次进刀按下开合螺母时，车刀刀尖已不在第一刀的螺旋槽里，而是偏左或偏右，结果把螺纹车乱而报废就称为乱牙。因此在加工前，应首先确定被加工螺纹的螺距是否乱牙（确定方法：当丝杆螺距是工件的导程的整倍数时，就不会产生乱牙；反之会产生乱牙），如果是乱牙，采用开倒顺车法，即每车一刀后，立即将车刀径向退出，不提起开合螺母，开倒车使车刀纵向退回到第一刀开始切削的位置，然后中滑板进给，再开顺车车削第二刀，这样反复来回，一直到把螺纹车好为止。

五、三角螺纹的测量

1. 大径的测量

螺纹大径的公差较大，一般可用游标卡尺或千分尺测量。

2. 螺距的测量

螺距一般可用钢直尺测量，如图 2-1-16（a）所示。在测量时，最好先测量几个螺距的长度，然后取平均值，就得出一个螺距的尺寸。细牙螺纹的螺距较小，用钢直尺测量比较困难，这时可用螺纹样板测量，如图 2-1-16（b）所示。螺纹样板应沿工件轴平面方向嵌入牙槽中，如果与螺纹牙槽完全吻合，说明被测的螺距是正确的。

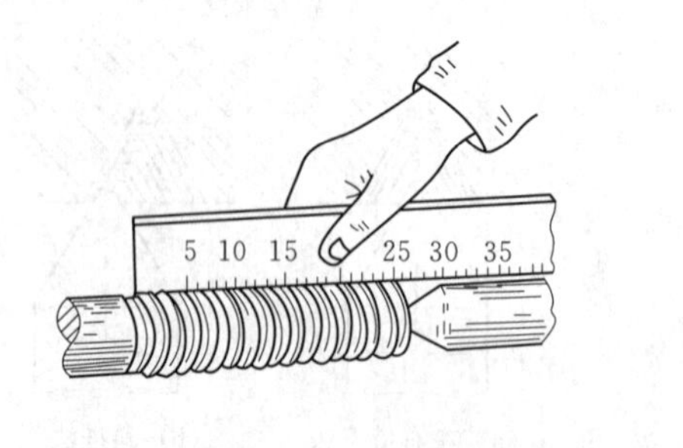

(a) 用钢直尺测量螺距

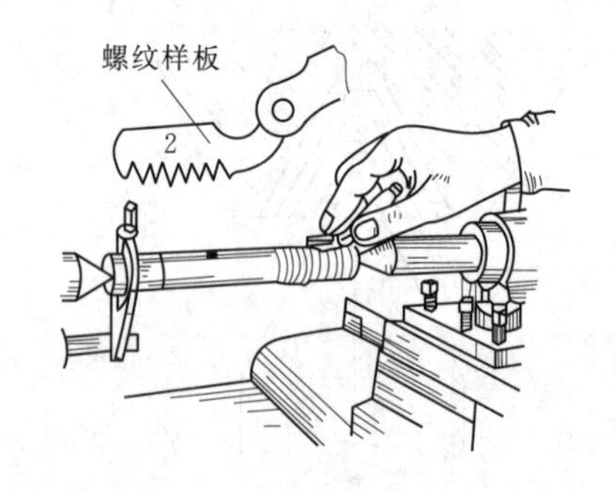

(b) 用螺纹样板测量螺距

图 2-1-16 测量螺纹螺距

3. 中径的测量

精度较高的三角形螺纹可用螺纹千分尺测量中径，所测得的千分尺读数就是该螺纹的中径实际尺寸，图 2-1-17。

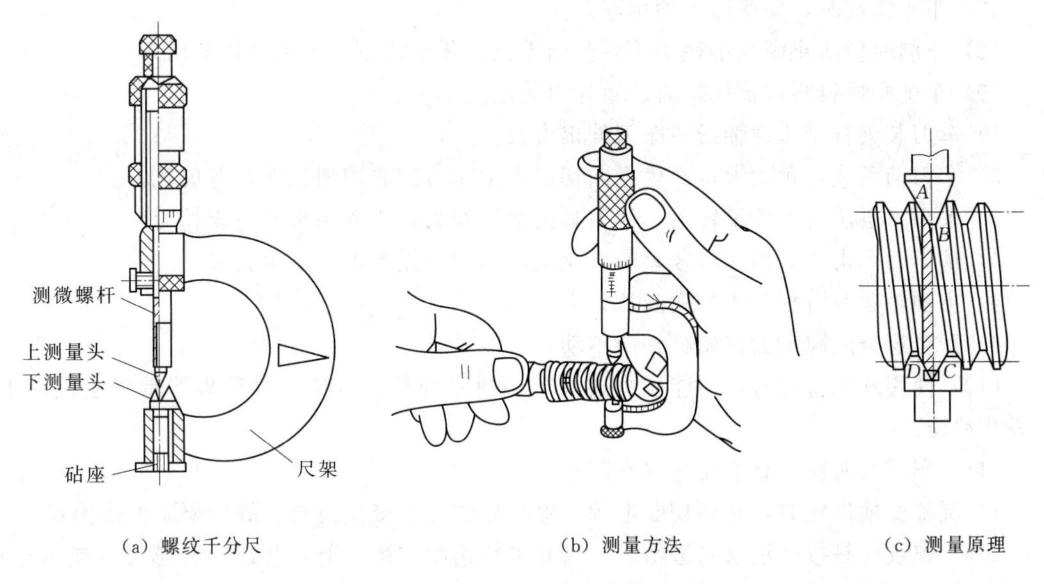

(a) 螺纹千分尺　　(b) 测量方法　　(c) 测量原理

图 2-1-17　用螺纹千分尺检测中径

4. 综合测量

用螺纹环规（图 2-1-18）综合检查三角形外螺纹。首先应对螺纹的直径、螺距、牙型和粗糙度进行检查，然后再用螺纹环规测量外螺纹的尺寸精度。如果螺纹环规通端正好拧进去，而止端拧不进，说明螺纹精度符合要求。对精度要求不高的螺纹也可用标准螺母检查（生产中常用），以拧上工件时是否顺利和松动的感觉来确定。检查有退刀槽的螺纹时，螺纹环规应通过退刀槽与台阶平面靠平。

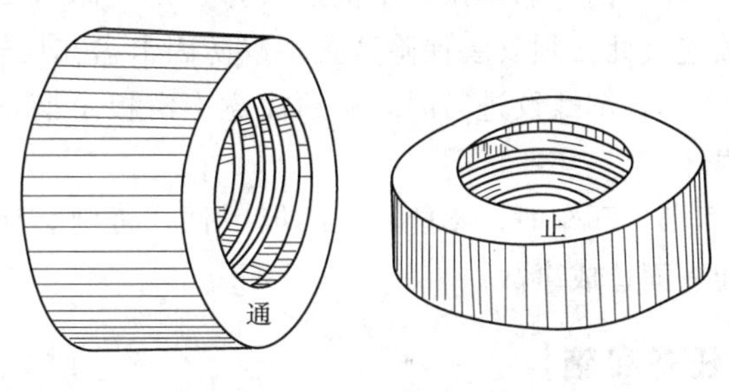

图 2-1-18　螺纹环规

六、操作要点及安全注意事项

(1) 车螺纹前要检查组装交换齿轮的间隙是否适当。把主轴变速手柄放在空挡位置，用手旋转主轴（正、反），检查是否有过重或空转量过大现象。

(2) 初学车螺纹时，由于操作不熟练，一般宜采用较低的切削速度，并特别注意声练习操作过程中思想要集中。

(3) 车螺纹时，开合螺母必须闸到位，如感到未闸好，应立即起闸，重新进行。

(4) 车铸铁螺纹时，径向进刀不宜太大，否则会使螺纹牙尖爆裂，造成废品。在车削最后几刀时，可用镗刀方法把螺纹车光。

(5) 车无退刀槽的螺纹时，特别注意螺纹的收尾在 1/2 圈左右。要达到这个要求，必须先退刀，后起开合螺母，且每次退刀要均匀一致，否则会撞掉刀尖。

(6) 车螺纹应始终保持刀刃锋利，如中途换刀或磨刀，必须对刀以防破牙，并重新调整中滑板刻度。

(7) 粗车螺纹时，要留适当的精车余量。

(8) 车削时应防止螺纹小径不清，侧面不光，牙型线不直等不良现象出现。

(9) 车削塑性材料（钢件）时产生扎刀的原因：

1) 车刀装夹低于工件轴线或车刀伸出太长。

2) 车刀前角或后角太大，产生径向切削力把车刀拉向切削表面，造成扎刀。

3) 采用直进法时进给量较大，使刀具接触面积大，排屑困难而造成扎刀。

4) 精车时，由于采用润滑较差的乳化液，刀尖磨损严重，产生扎刀。

5) 主轴轴承及滑板和床鞍的间隙太大。

6) 开合螺母间隙太大或丝杠轴向窜动。

(10) 使用环规检查时，不能用力过大或用扳手强拧，以免螺纹环规严重磨损或使工件发生移位。

(11) 车螺纹时应注意的安全技术问题：

1) 调整交换齿轮时，必须切断电源，停车后进行。交换齿轮装好后要装上防护罩。

2) 车螺纹时是按螺距纵向进给的，因此进给速度应快，退刀和起开合螺母（或倒车）必须及时、动作协调，否则会使车刀与工件台阶或卡盘撞击而产生事故。

3) 倒、顺车换向不能过快，否则机床将受到瞬时冲击，容易损坏机件。在卡盘与主轴连接处必须安装保险装置，以防因卡盘在反转时从主轴上脱落。

4) 车螺纹进刀时，必须注意中滑板手柄不要多摇一圈，否则会造成刀尖崩刃或工件损坏。

5) 开车时，不能用棉纱擦工件，否则会使棉纱卷入工件，操作员的手指也容易一起卷进而造成事故。

【任务实施】

本任务实施步骤见表 2-1-7。

表 2-1-7　任务实施步骤

步骤	实施内容	完成者	说明
1	审图、确定加工工艺	教师、全体学生	教师引导学生进行审图、确定加工工艺
2	工件装夹	学生	教师指导学生把工件装夹牢固
3	车端面、外圆、倒角	学生	学生先根据工程图的图样要求，把外圆车好
4	安装车三角螺纹刀	教师、学生	教师讲解三角螺纹刀的安装要求，组织小组教师演示三角螺纹刀安装，安排每位学生轮流观看一次，然后指导学生按要求安装三角螺纹刀
5	选择切削用量	教师、学生	教师演示选择转速 30～125r/min 之间；指导学生选择切削用量
6	车三角螺纹方法	教师、学生	教师先讲解车三角螺纹的要求、方法、注意事项，演示车三角螺纹达到要求；指导学生完成车三角螺纹，达到图样要求
7	综合车削加工完成	全体学生	教师演示完成后，学生自己独立完成

【任务评价】

根据学生完成本任务的情况对他们的实习进行评价，评价表见表 2-1-8。

表 2-1-8　　刀架螺钉质量检测评价表

序号	考核项目	考核内容及要求	配分	评分标准	检验结果	得分
1	三角螺纹	M16	31	螺纹环规检查，按松紧情况酌情扣分		
2	外圆	$\phi 21_{-0.24}^{0}$	10	每超差 0.1 扣 5 分		
3		$\phi 12$	3	按 IT13 超差扣分		
4	圆弧	$R1$	2	按 IT13 超差扣分		
5		$SR13$	5	按 IT13 超差扣分		
6	长度	85	5	按 IT13 超差扣分		
7		13±0.43	5	每超差 0.1 扣 5 分		
8		1	1	按 IT13 超差扣分		
9		2	1	按 IT13 超差扣分		
10		5±0.3	5	每超差 0.1 扣 5 分		
11	倒角	30°	2	m 超差不得分		
12	粗糙度	$R_a 3.2\mu m$，5 处	10	降一级扣 2 分		
13	工具、设备的使用与维护	正确规范使用工、量、刃具，合理保养及维护工、量、刃具	10	不符合要求酌情扣 1～8 分		
		正确规范使用设备，合理保护及维护设备		不符合要求酌情扣 1～8 分		
		操作姿势、动作正确		不符合要求酌情扣1～8 分		
14	安全与其他	安全文明生产，按国家颁布的有关法规或企业自定的有关规定	10	一项不符合要求扣 2 分，发生较大事故者取消考试资格		
		操作、工艺规范正确		一处不符合要求扣 2 分		
		工件各表面无缺陷		不符合要求酌情扣 1～8 分		
总分：						

【扩展视野】

应用：车削车床刀架手柄杆（图 2-1-19）。

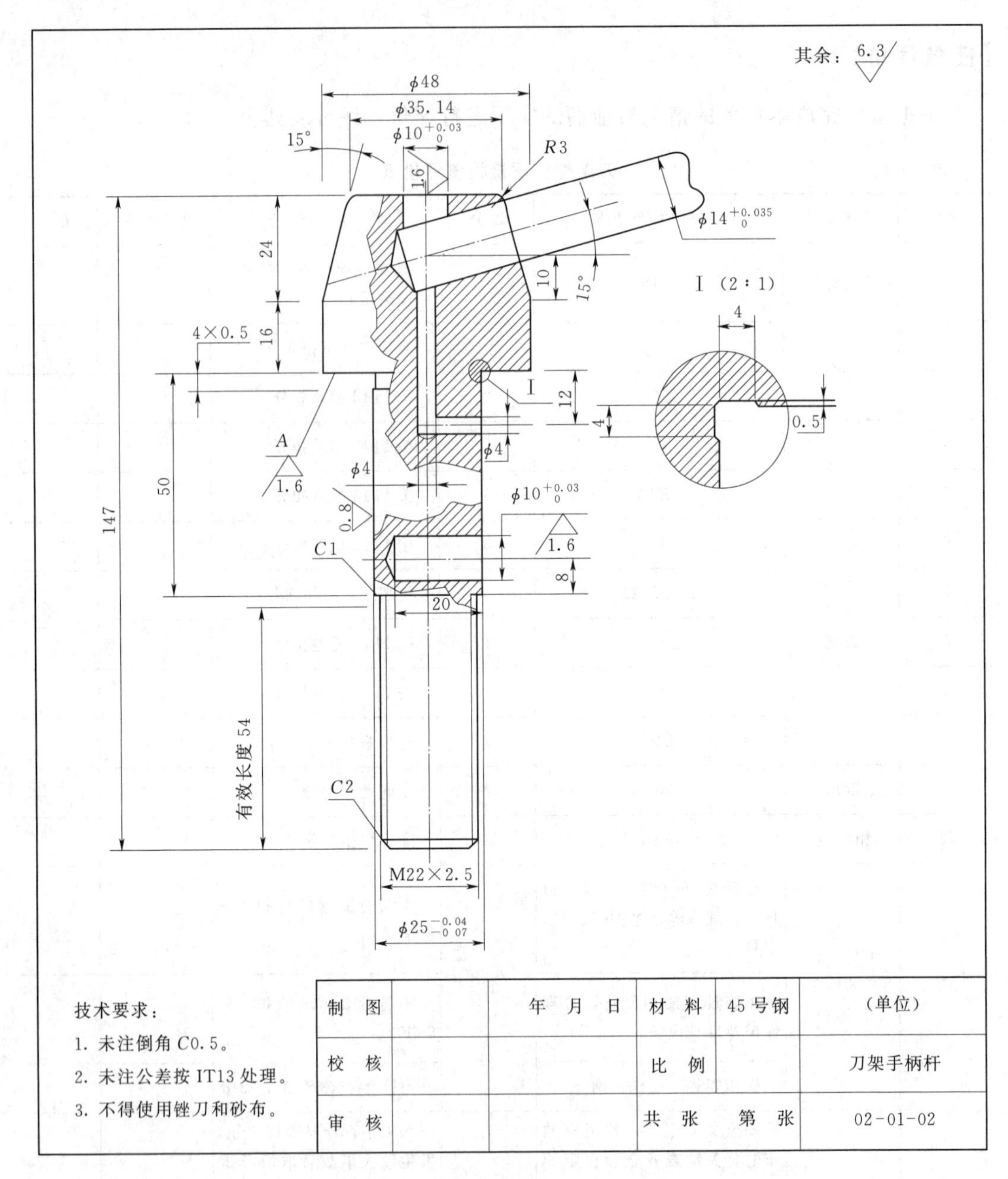

图2-1-19 车床刀架手柄杆图样

任务二 车削千斤顶

【任务描述】

某设备机械厂现订制一批千斤顶，数量40套，材料、加工要求见生产任务书。本任务为完成顶头和过渡套这两件组件。

【生产任务书】

零件施工单见表 2-2-1，相关图样如图 2-2-1～图 2-2-4 所示。

表 2-2-1　　　　**零 件 施 工 单**

投放日期：__________班组：__________要求完成任务时间：____天

材料尺寸及数量：ϕ25mm×1000mm，40 套

图　号	零件名称		计划数量		完成数量
02-02-01～02-02-04	千斤顶		40 套		
加工成员姓名	工序	合格数	工废数	料废数	完成时间
班组质检				抽检	
总质检					

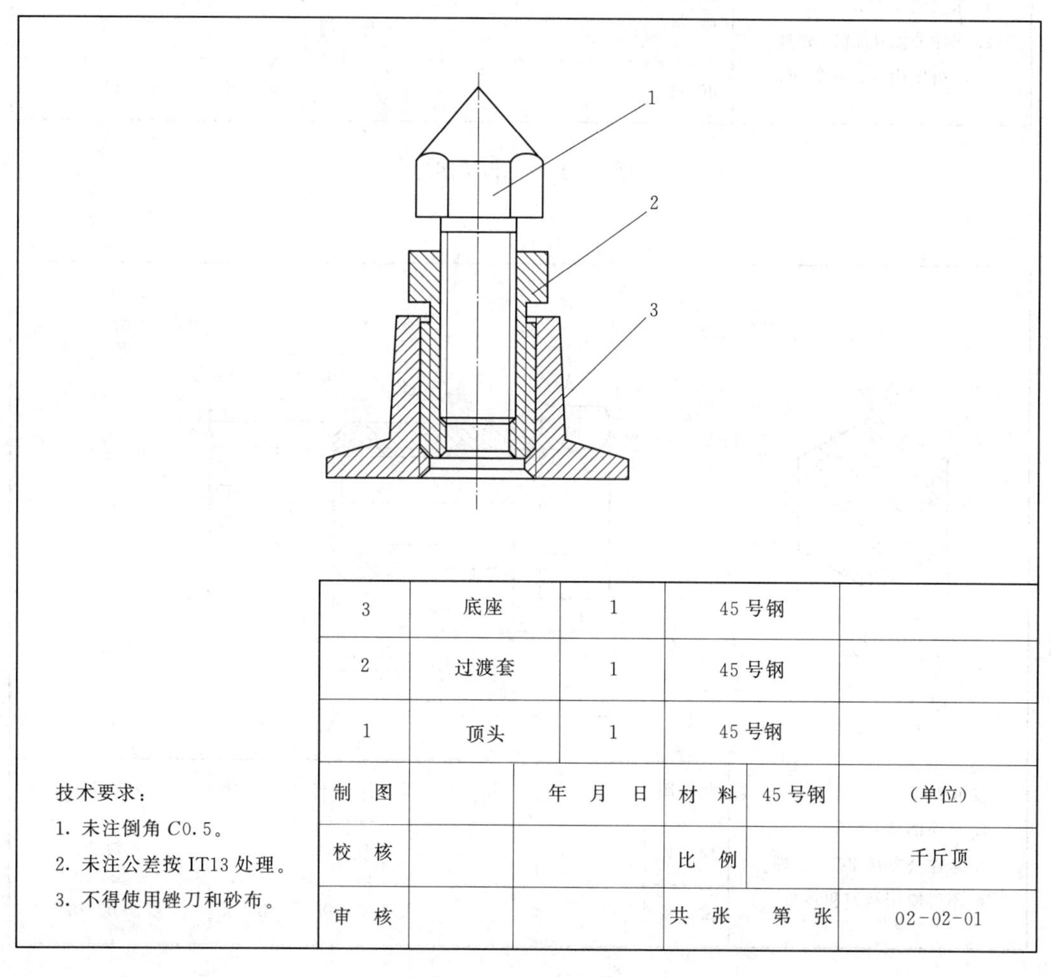

图 2-2-1　千斤顶装配图

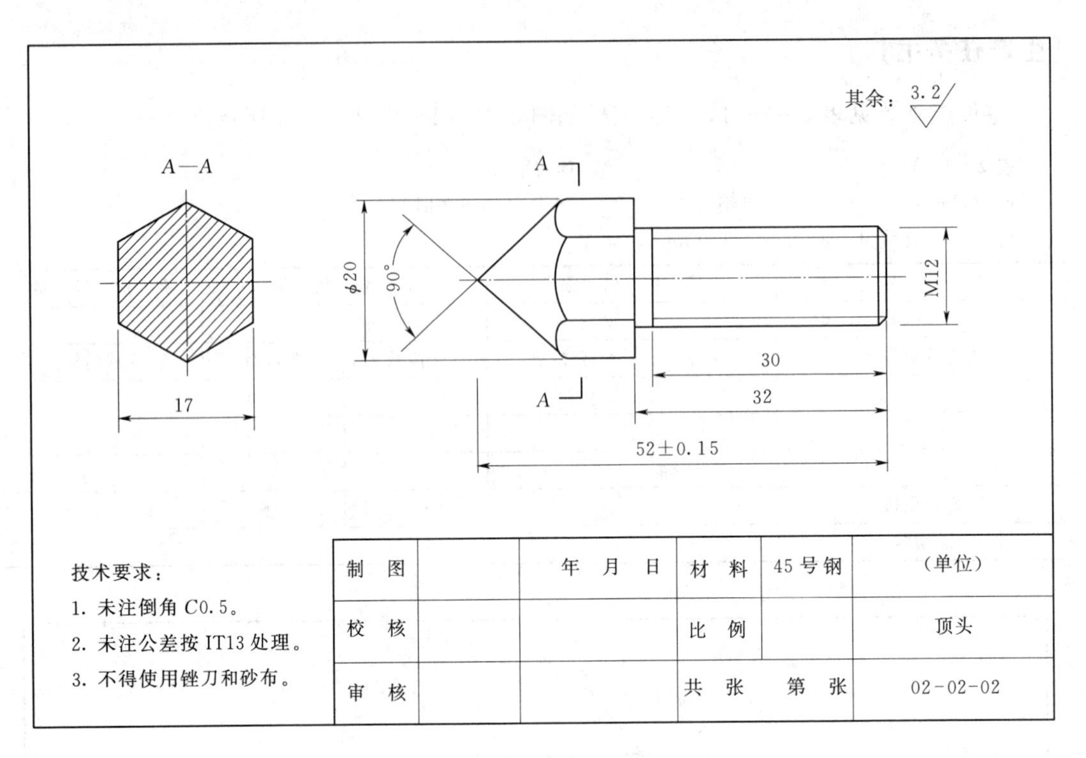

图 2-2-2 顶头图样

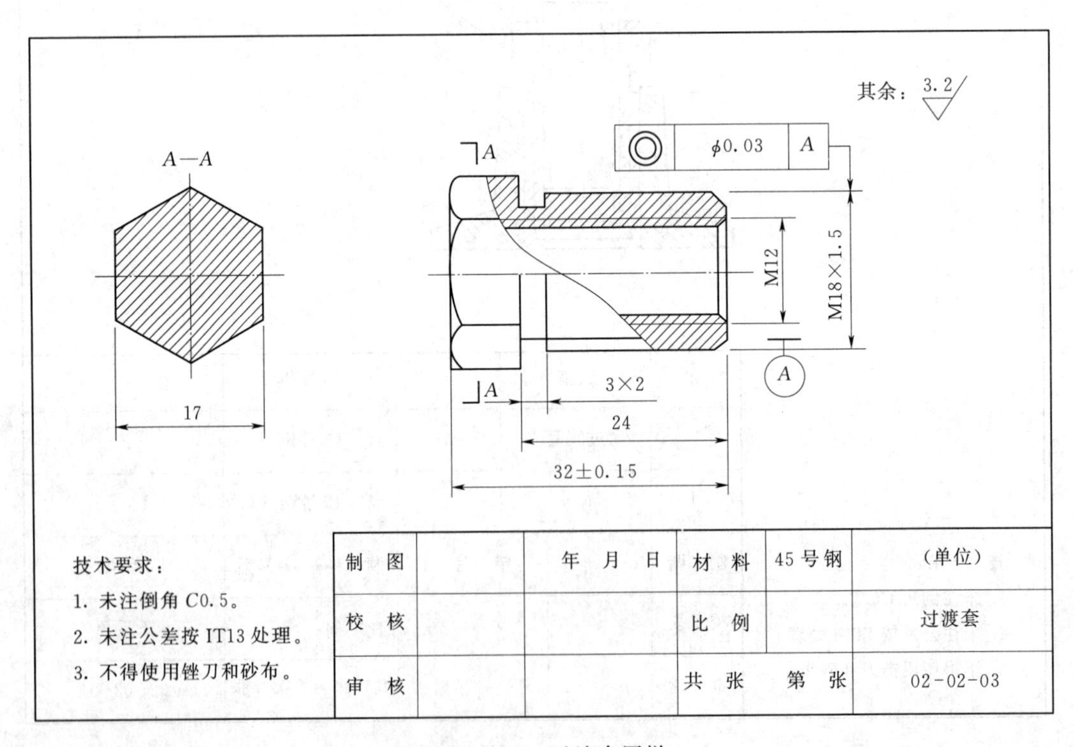

图 2-2-3 过渡套图样

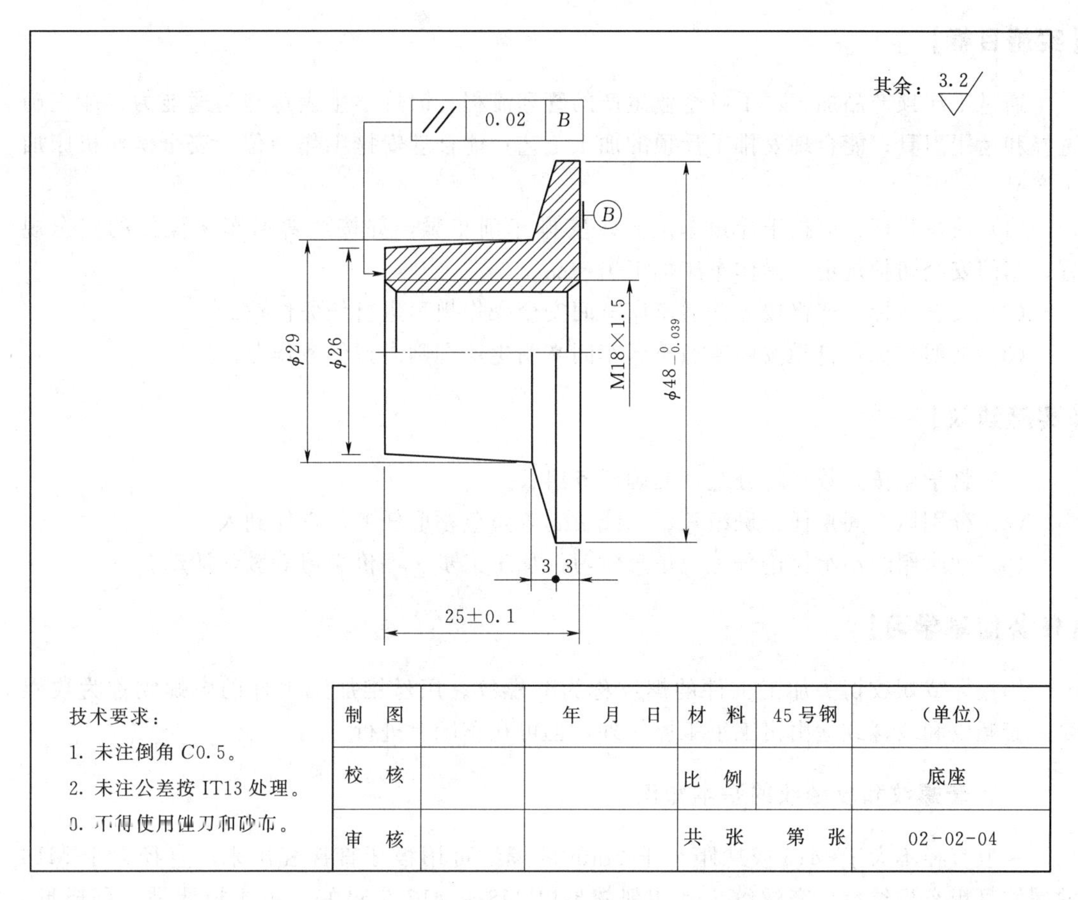

图2-2-4　底座图样

【任务分析】

本任务是使用毛坯料为ϕ25mm×1000mm和ϕ50mm×30mm的钢料，在以往车削外圆、车削内孔、车三角螺纹、切槽的课题基础上，车削千斤顶（图2-2-1），其中包括攻、套螺纹的知识，操作设备及工具准备，套螺纹和攻螺纹的方法，切削用量及切削液的选择等作为准备，见表2-2-2所示。

表2-2-2　　完成千斤顶必须进行的准备内容

序　号	内　容
1	攻螺纹、套螺纹的知识
2	操作设备及工具准备
3	工件的安装及千斤顶的工艺安排
4	套螺纹和攻螺纹的方法
5	套螺纹和攻螺纹的工艺要求
6	切削用量及切削液的选择
7	操作要点及安全注意事项

【实施目标】

通过千斤顶产品加工，了解企业生产的管理流程；锻炼学生表达与沟通能力；能正确选择和运用刀具；能合理安排千斤顶的加工工艺；能合理安排工作岗位，安全操作机床加工产品。

(1) 质量目标：能按千斤顶车削要求安排车削步骤，并按照普通车床操作的安全规程、车间安全防护规定，操作车床加工出产品。

(2) 安全目标：严格按照普通车床车间安全操作规程进行任务作业。

(3) 文明目标：自觉按照普通车床车间文明生产规则进行任务作业。

【实施建议】

(1) 将学生按人数平均分组，明确任务组长。

(2) 分别以车间主任、班组长、一线员工等角色领取任务，责任到人。

(3) 适时组织小组讨论分工、信息学习、加工工步、评价学习等教学活动。

【任务信息学习】

用板牙或螺纹切头加工工件的螺纹称为套螺纹。用丝锥加工工件的内螺纹称为攻螺纹。套螺纹和攻螺纹除由钳工手工操作外，也可在车床上进行。

一、套螺纹和攻螺纹的基本知识

一般直径不大于 M16 或螺距小于 2mm 的螺纹可用板牙直接套出来；直径大于 M16 的螺纹可粗车螺纹后再套螺纹。其切削效果以 M8～M12 为最好。由于板牙是一种成形、多刃的刀具，所以操作简单，生产效率高。

1. 圆板牙

圆板牙（图 2-2-5）大多用高速钢制成，其两端的锥角是切削部分，因此正、反都可使用，中间具有完整齿深的一段是校准部分，也是套螺纹时的导向部分。

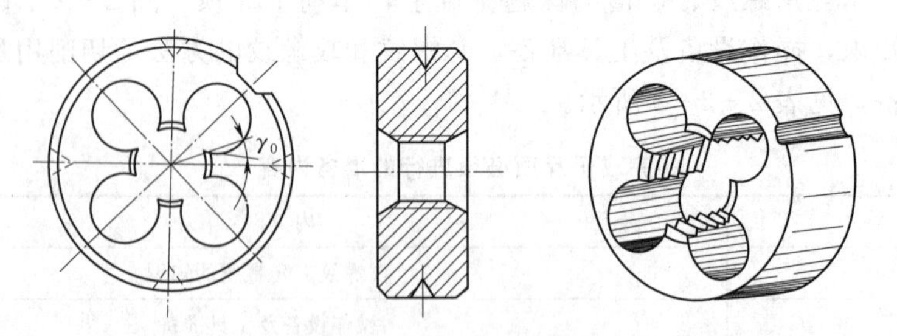

图 2-2-5　圆板牙

2. 丝锥

丝锥也称螺丝攻，用高速钢制成，是一种成形、多刃切削工具。直径或螺距较小的内螺纹可用丝锥直接攻出来。

(1) 手用丝锥［图 2-2-6 (a)］。通常由两只或三只组成一套，俗称头锥、二锥、三锥。在攻螺纹时，为了依次使用丝锥，可根据在切削部分磨去齿的不同数量来区别；如头锥磨去5～7牙，二锥磨去3～5牙，三锥差不多没有磨去。

(2) 机用丝锥［图2-2-6 (b)］。一般在车床上攻螺纹用机用丝锥一次攻制成型。它与手用丝锥相似，只是在柄部多一条环形槽，用以防止丝锥从夹头中脱落。

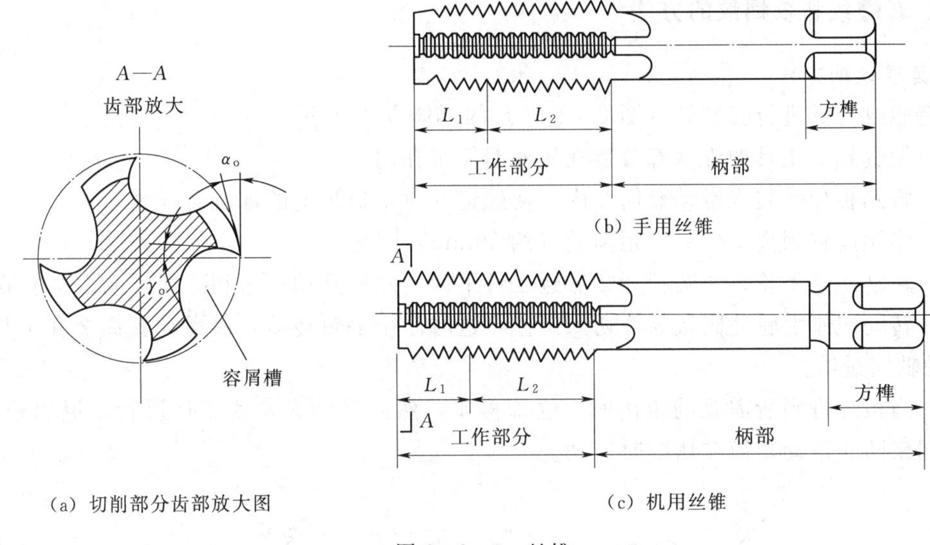

(a) 切削部分齿部放大图　(b) 手用丝锥　(c) 机用丝锥

图2-2-6 丝锥

本任务主要是加工顶头的M12外螺纹和过渡套M12内螺纹，因数量较多，直径不大，因此分别采用套螺纹和攻螺纹的方法。

二、操作设备、工具准备

本任务需要准备的操作设备、工具见表2-2-3。

表2-2-3 操作设备、工具

序号	设备、工具名称	单位	数量	用途
1	C6132A车床	台	24	主要加工设备
2	M12圆板牙	把	24	套螺纹
3	M12丝锥	把	24	攻螺纹
4	装夹丝锥、丝板的夹具套	把	24	装夹丝锥、丝板
5	ϕ10.3钻头	个	24	钻孔
6	垫片	块	数块	用以垫滚花刀或车刀
7	外圆车刀	把	48	车外圆、端面、倒角
8	游标卡尺	把	24	测量外径、长度
9	活顶	个	24	用于装夹工件
10	工程图	张	24	主要图样
11	ϕ25mm×1000mm和ϕ50mm×30mm的钢料	件	40	主要加工材料

三、工件的安装及千斤顶的工艺安排

这两件工件都不算太复杂，采用的加工方法是在每件切断前将套螺纹和攻螺纹内容完成，再进行调头车削。

四、套螺纹和攻螺纹的方法

1. 套螺纹的方法

用套螺纹工具进行套螺纹（图 2-2-7）的具体方法如下：

（1）把套螺纹工具的锥柄部分装在尾座套筒锥孔内。

（2）将圆板牙 5 装入滑动套筒 2 内，使螺钉 3 对正板牙上的锥坑后拧紧。

（3）将尾座移到离工件一定距离处（约 20mm）固紧。

（4）转动尾座手轮，使圆板牙 2 靠近工件平面，然后开动车床和冷却泵或加切削液。

（5）转动尾座手轮使圆板牙 2 切入工件，这时停止手轮转动，由滑动套筒 2 在工具体 4 内自动轴向进给。

（6）当板牙进到所需要的距离时，立即停车，然后开倒车，使工件反转，退出板牙。螺钉 3 用来防止滑动套筒在切削时转动。

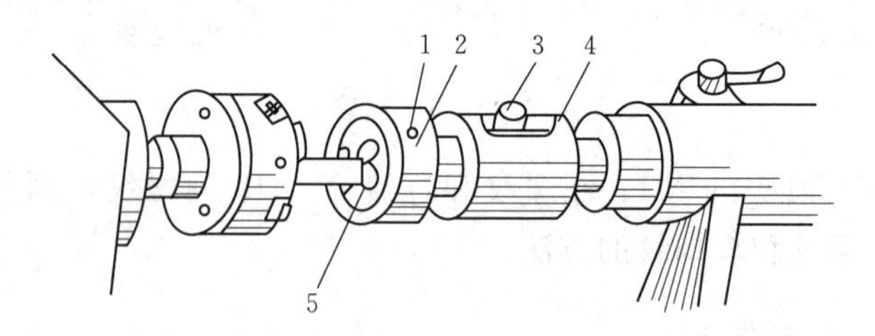

图 2-2-7　在车床上套螺纹

1—螺钉；2—滑动套筒；3—螺钉；4—工具体；5—板牙

2. 攻螺纹的方法

在车床上攻螺纹，先找正尾座轴线与主轴轴线重合。小于 M16 的内螺纹，钻孔、倒角后直接用丝锥攻出一次成型。对于攻螺距较大的三角形内螺纹，可钻孔后先用内螺纹车刀粗车螺纹，再用丝锥攻螺纹；也可以采用分锥切削法，即先用头锥、再用二锥和三锥分三次切削。

（1）用攻螺纹工具（图 2-2-8）在车床上攻螺纹的方法是把其装在尾座锥孔内。

（2）同时把机用丝锥装进螺纹工具方孔中，移动尾座向工件靠近并固定。

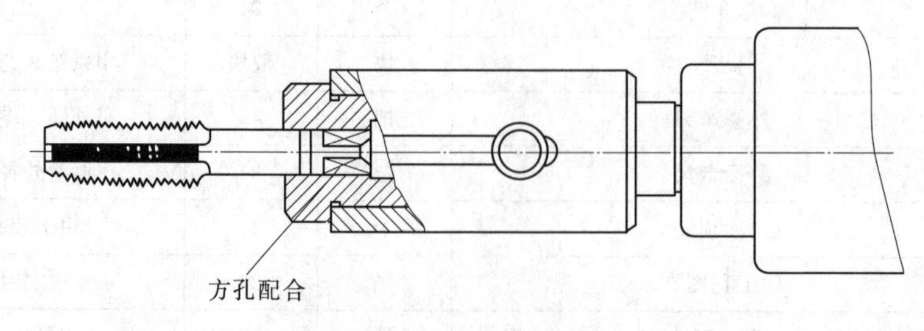

图 2-2-8　攻螺纹工具

（3）根据螺纹所需长度在攻螺纹工具上做好标记。

（4）开车，转动尾座手轮使丝锥在孔中切进头几牙，这时手轮可停止转动。让攻螺纹工具自动跟随丝锥前进至需要的尺寸，即开倒车退出丝锥。

五、套螺纹和攻螺纹前的工艺要求

1. 套螺纹前的工艺要求

（1）由于套螺纹时工件材料受板牙的挤压而产生变形，牙顶将被挤高，所以套螺纹前工件外圆应车至略小于螺纹大径，其计算公式为

$$d_0 = d - 0.13P$$

式中　d_0——套螺纹前圆柱直径；

d——螺纹大径；

P——螺距。

（2）外圆车好后，工件的平面必须倒角。倒角要小于或等于45°，倒角后的平面直径要小于螺纹小径，使板牙容易切入工件。

（3）套螺纹前必须找正，尾座轴线与车床主轴轴线重合，水平方向的偏移量不得大于0.05mm。

（4）板牙装入套螺纹工具或尾座三爪自定心卡盘时，必须使其平面与主轴轴线垂直。

2. 攻螺纹前的工艺要求

（1）攻螺纹前孔径的确定。攻螺纹时的孔径必须比螺纹小径稍大一点，这样能减小切削抗力和避免丝锥断裂。普通螺纹攻螺纹前的钻孔直径的计算为

加工钢件及塑性材料　$D_{孔} \approx D - P$

加工铸铁及脆性材料　$D_{孔} \approx D - 1.05P$

式中　$D_{孔}$——攻螺纹前的钻孔直径，mm；

D——内螺纹大径，mm；

P——螺距，mm。

（2）攻制盲孔螺纹的钻孔深度计算。攻不通孔螺纹时，由于切削刃部分不能攻制出完整的螺纹，所以钻孔深度要等于需要的螺纹深度加丝锥切削刃的长度（约螺纹大径的0.7倍），即

$$H = h_{有效} + 0.7D$$

式中　H——攻螺纹前底孔深度，mm；

$h_{有效}$——螺纹有效长度，mm；

D——内螺纹大径，mm。

（3）孔口倒角。用60°锪钻在孔口倒角，其直径大于螺纹大径尺寸；亦可用车刀倒角。

六、套螺纹和攻螺纹的切削速度和切削液的选择

1. 切削速度

钢件：3～4m/min；铸铁：2～3m/min；黄铜：6～9m/min。

2. 切削液的选择

切削钢件时，一般选用硫化切削油、机油和乳化液；切削低碳钢或韧性较大的材料

时，可选用工业植物油；切削铸铁可以用煤油或不使用切削液。

七、操作要点及安全注意事项

1. 注意事项

（1）检查板牙或丝锥的齿形不能损坏。

（2）装夹板牙或丝锥不能歪斜。

（3）塑性材料套螺纹或攻螺纹时应加充分切削液。

（4）套螺纹的工件直径应偏小些，否则容易产生烂牙。

（5）用小三爪自定心卡盘装夹圆板牙时，夹紧力不能过大，以防板牙碎裂。

（6）套M12以上的螺纹时应把工件夹紧，套螺纹工具在尾座里装紧，以防套螺纹时切削力大引起工件移位，或套螺纹工具在尾座内打转。

（7）攻盲孔螺纹时，必须在攻螺纹工具（或尾座套筒）上标记好螺纹长度尺寸，以防折断丝锥。

（8）在用一套丝锥攻螺纹时，一定要按顺序使用。在换用下一个丝锥前必须清除孔中切屑，在攻盲孔螺纹时，这一点尤其要注意。

（9）最好采用有浮动装置的攻螺纹工具。

2. 丝锥折断的原因和取出方法

（1）折断原因。

1）攻螺纹前的底孔直径太小，造成丝锥切削阻力大。

2）丝锥轴线与工件孔径轴线不同轴，造成切削阻力不均匀，单边受力太大。

3）工件材料硬而黏，且没有很好润滑。

4）在盲孔中攻螺纹时，由于未测量孔的深度，或未在尾座套筒上做记号，以致丝锥碰着孔底面造成折断。

（2）取出方法。

1）当孔外有折断丝锥的露出部分，可用尖嘴钳夹住伸出部分反拧出来，或用冲子反方向冲出来。

2）当丝锥折断部分在孔内时，可用三根钢丝插入丝锥槽中反向旋转取出。

3）用上述两种方法均难取出丝锥时，可以用气焊的方法，在折断的丝锥上堆焊一个弯曲成90°的杆，然后转动弯杆拧出。

【任务实施】

本任务实施步骤见表2-2-4。

表2-2-4 任务实施步骤

步骤	实施内容	完成者	说明
1	审图、确定加工工艺	教师、全体学生	教师引导学生进行审图、确定加工工艺
2	工件装夹	学生	教师指导学生把工件装夹牢固
3	车端面、外圆、倒角	学生	学生先根据工程图的图样要求，把外圆车好

续表

步骤	实施内容	完成者	说明
4	安装丝锥（板）	教师、学生	教师讲解丝锥（板）的安装要求，组织小组教师演示滚花刀安装，安排每位学生轮流观看一次，然后指导学生按要求安装丝锥（板）
5	选择切削用量	教师、学生	教师演示选择转速 44～88r/min 之间
6	攻套螺纹	教师、学生	教师先讲解套（攻）螺纹的要求、方法、注意事项，演示套（攻）螺纹达到要求；指导学生完成套（攻）螺纹，达到图样要求
7	综合车削加工完成	全体学生	教师演示完成后，学生自己独立完成

【任务评价】

根据学生完成本任务的情况对他们的实习进行评价，评价表见表 2-2-5～表 2-2-7。

表 2-2-5　　顶头检测评价表

序号	考核项目	考核内容及要求	配分	评分标准	检验结果	得分
1	外圆	$\phi 20$	5	按 IT13 超差不得分		
2	螺纹	M12	30	螺纹环规检查，按松紧情况酌情扣分		
3	角度	90°	5	按 IT13 超差不得分		
4	长度	52±0.15	10	每超差 0.05 扣 5 分		
5		32	7	按 IT13 超差不得分		
6		30	5	按 IT13 超差不得分		
7	粗糙度	$R_a 3.2\mu m$，6 处	3×6	降一级扣 1 分		
8	工具、设备的使用与维护	正确、规范使用工、量、刃具，合理保养及维护工、量、刃具	10	不符合要求酌情扣 1～8 分		
		正确、规范使用设备，合理保护及维护设备		不符合要求酌情扣 1～8 分		
		操作姿势、动作正确		不符合要求酌情扣 1～8 分		
9	安全与其他	安全文明生产，按国家颁布的有关法规或企业自定的有关规定	10	一项不符合要求扣 2 分，发生较大事故者取消考试资格		
		操作、工艺规范正确		一处不符合要求扣 2 分		
		工件各表面无缺陷		不符合要求酌情扣 1～8 分		
总分：						

表 2-2-6　　过渡套检测评价表

序号	考核项目	考核内容及要求	配分	评分标准	检验结果	得分
1	三角螺纹	M12	15	螺纹环规检查，按松紧情况酌情扣分		
2		M18×1.5	15			
3	切槽	3×2	4	按 IT13 超差不得分		
4	长度	24±0.15	10	按 IT13 超差不得分		
5		32	5	按 IT13 超差不得分		
6	同轴度	◎ $\phi0.03$ A	9	按 IT13 超差不得分		
7	粗糙度	$R_a3.2\mu m$，11 处	2×11	超差不得分		
8	工具、设备的使用与维护	正确规范使用工、量、刃具，合理保养及维护工、量、刃具	10	不符合要求酌情扣 1～8 分		
		正确规范使用设备，合理保护及维护设备		不符合要求酌情扣 1～8 分		
		操作姿势、动作正确		不符合要求酌情扣 1～8 分		
9	安全与其他	安全文明生产，按国家颁布的有关法规或企业自定的有关规定	10	一项不符合要求扣 2 分，发生较大事故者取消考试资格		
		操作、工艺规范正确		一处不符合要求扣 2 分		
		工件各表面无缺陷		不符合要求酌情扣 1～8 分		
总分：						

表 2-2-7　　底座检测评价表

序号	考核项目	考核内容及要求	配分	评分标准	检验结果	得分
1	三角螺纹	M18×1.5	20	螺纹环规检查，按松紧情况酌情扣分		
2	外圆	$\phi29$	6	每超差 0.1 扣 5 分		
3		$\phi26$	6	按 IT13 超差扣分		
4		$\phi48_{-0.039}^{0}$	10	按 IT13 超差扣分		
5	长度	3	6	按 IT13 超差扣分		
6		3	6	每超差 0.1 扣 5 分		
7	平行度	// 0.02 *B*	5	*m* 超差不得分		
8	粗糙度	$R_a3.2\mu m$，7 处	3×7	降一级扣 2 分		
9	工具、设备的使用与维护	正确规范使用工、量、刃具，合理保养及维护工、量、刃具	10	不符合要求酌情扣 1～8 分		
		正确规范使用设备，合理保护及维护设备		不符合要求酌情扣 1～8 分		
		操作姿势、动作正确		不符合要求酌情扣 1～8 分		

续表

序号	考核项目	考核内容及要求	配分	评分标准	检验结果	得分
10	安全与其他	安全文明生产，按国家颁布的有关法规或企业自定的有关规定	10	一项不符合要求扣2分，发生较大事故者取消考试资格		
		操作、工艺规范正确		一处不符合要求扣2分		
		工件各表面无缺陷		不符合要求酌情扣1～8分		
总分：						

【扩展视野】

应用：车削带有套（攻）螺纹的产品——双头螺钉（图2-2-9）。

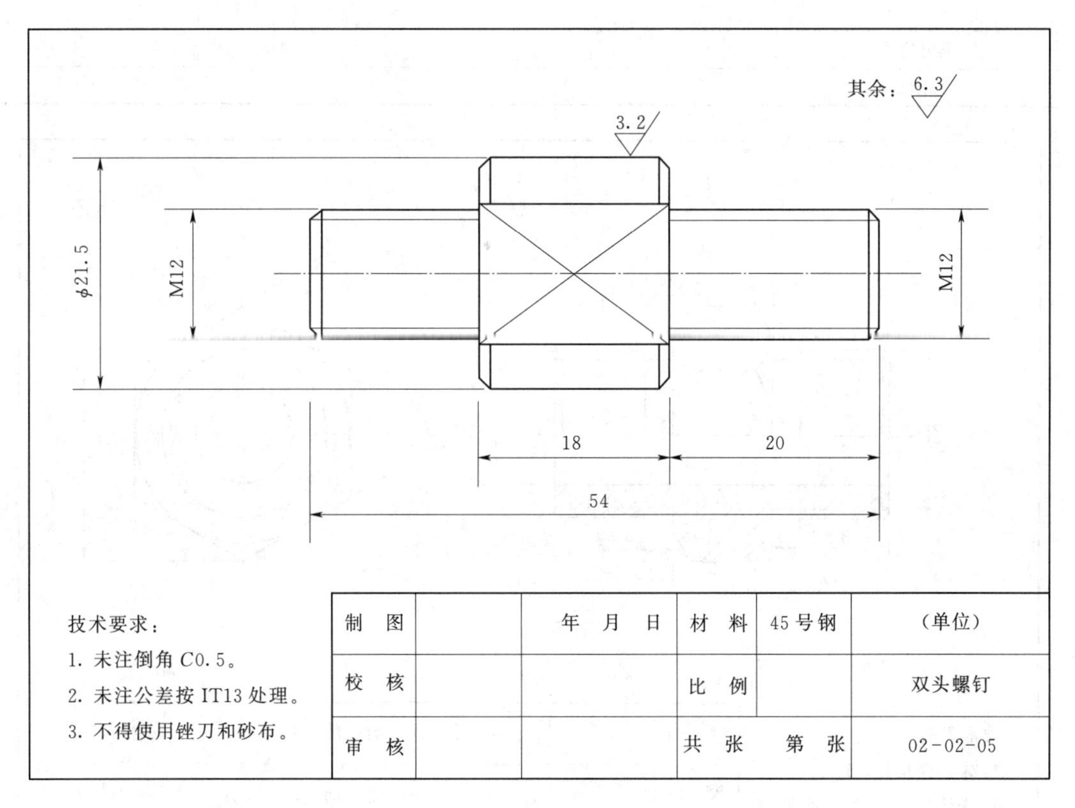

图2-2-9　双头螺钉图样

任务三　车削直通管接头

【任务描述】

江门某机床设备厂现生产机床设备，订制一批普通车床的直通管接头来配套，现定制一批直通管接头，数量 120 件，工期 5 天，材料、加工要求见生产任务书。

【生产任务书】

零件施工单见表 2－3－1，直通管接头图样如图 2－3－1 所示。

表 2－3－1　　　　**零　件　施　工　单**

投放日期：＿＿＿＿＿＿班组：＿＿＿＿＿要求完成任务时间：＿＿天

材料尺寸及数量：ϕ30mm×38mm，120 件

图　号	零　件　名　称		计　划　数　量		完　成　数　量
02－03－01	直通管接头		120 件		
加工成员姓名	工序	合格数	工废数	料废数	完成时间
班组质检				抽检	
总质检					

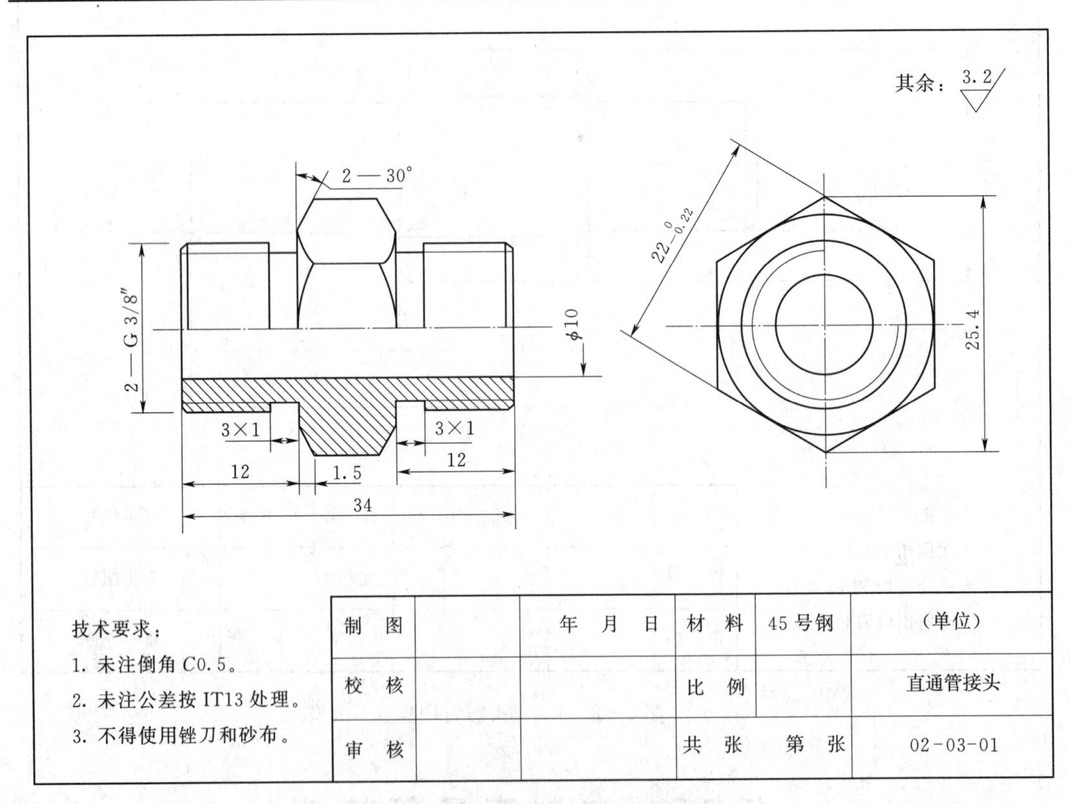

图 2－3－1　直通管接头图样

【任务分析】

本任务是使用毛坯料为 ϕ30mm×38mm 的钢料在以往车削外圆、切断的课题基

础上，车削直通管接头（图 2－3－1），其中包括车削英制三角螺纹的基本知识、操作设备及工具准备、英制三角螺纹刀的刃磨与安装、英制三角螺纹车削工艺安排等作为准备，见表 2－3－2。

表 2－3－2　　完成车削直通管接头必须进行的准备内容

序　号	内　容
1	英制三角螺纹的基本知识
2	操作设备及工具准备
3	英制三角螺纹刀的刃磨与安装
4	英制三角螺纹车削工艺安排
5	英制三角螺纹的测量
6	操作要点及安全注意事项

【实施目标】

通过直通管接头产品加工，了解企业生产的管理流程；锻炼学生表达与沟通能力；能正确选择和运用刀具；能合理安排车削英制三角螺纹加工工艺；能合理安排工作岗位，安全操作机床加工产品。

（1）质量目标：能按直通管接头车削要求安排车削步骤，并按照普通车床操作的安全规程、车间安全防护规定，操作车床加工出产品。

（2）安全目标：严格按照普通车床车间安全操作规程进行任务作业。

（3）文明目标：自觉按照普通车床车间文明生产规则进行任务作业。

【实施建议】

（1）将学生按人数平均分组，明确任务组长。

（2）分别以车间主任、班组长、一线员工等角色领取任务，责任到人。

（3）适时组织小组讨论分工、信息学习、加工工步、评价学习等教学活动。

【任务信息学习】

一、英制三角螺纹的基本知识

1. 英制螺纹

英制螺纹在我国应用较少，只有在某些进出口设备中和维修旧设备时应用。

英制螺纹的牙型如图 2－3－2 所示，它的牙型角为 55°，公称直径是指内螺纹大径，用英寸（in）表示。螺距以 1in（25.4mm）中的牙数 n 表示，如 1in（25.4mm）12 牙，螺距为 12in/12。英制螺距与米制螺距的换算如下

$$P=\frac{1\text{in}}{n}=\frac{25.4}{n}\ (\text{mm})$$

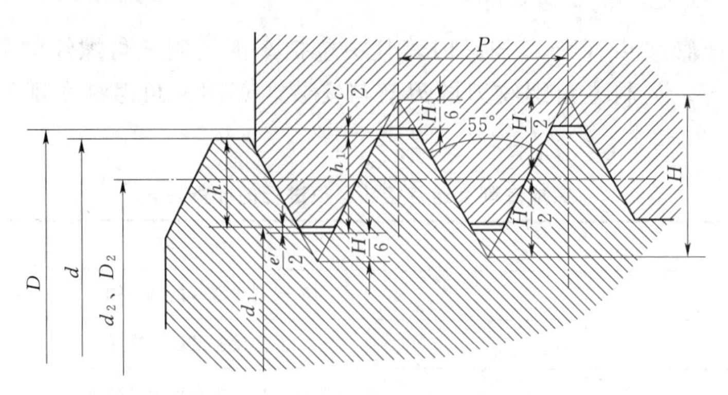

图 2-3-2 英制螺纹各基本尺寸

【例 2-3-1】 1in（25.4mm）内 12 牙的螺纹，试计算螺距为多少？

解 已知 $n=12$，则

$$P=\frac{25.4}{n}=\frac{25.4}{12}=2.12\ (\text{mm})$$

英制螺纹各基本尺寸及 1in（25.4mm）内的牙数，可在有关表中查出。

2. 管螺纹

NPT，PT，G 都是管螺纹的缩写。

NPT 是 National（American）Pipe Thread 的缩写，属于美国标准的 60°锥管螺纹，用于北美地区，可查阅 GB/T 12716—2011《60°密封管螺纹》。

PT 是 Pipe Thread 的缩写，是 55°密封圆锥管螺纹，属惠氏螺纹家族，多用于欧洲及英联邦国家，常用于水及煤气管行业，锥度规定为 1∶16，可查阅GB/T 7306—2000《55°密封管螺纹》。

G 是 55°非螺纹密封管螺纹，属惠氏螺纹家族。标记为 G 代表圆柱螺纹，可查阅 GB/T 7307—2001《55°非密封管螺纹》。

另外螺纹中的 1/4、1/2、1/8 标记是指螺纹的直径，单位是英寸。行内人通常用分来称呼螺纹尺寸，1in 等于 8 分，1/4in 就是 2 分，如此类推。G 是管螺纹的统称（Guan），55°、60°的划分属于功能性的，俗称管圆，即螺纹由一圆柱面加工而成。

ZG 俗称管锥，即螺纹由一圆锥面加工而成，一般的水管接头都是这样的。

管螺纹应用在流通气体或液体的管接头、旋塞、阀门及其他附件上。根据螺纹副的密封状态和螺纹牙型角，管螺纹分三种，如图 2-3-3 所示。

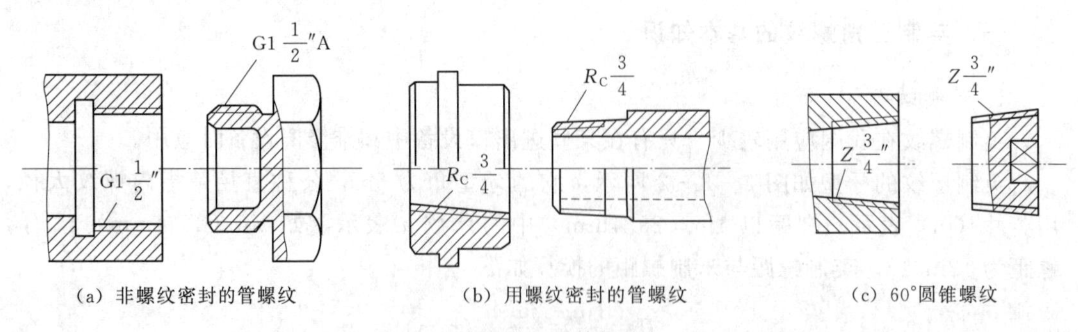

(a) 非螺纹密封的管螺纹　(b) 用螺纹密封的管螺纹　(c) 60°圆锥螺纹

图 2-3-3 管螺纹

非螺纹密封的管螺纹又称圆柱管螺纹，螺纹的母体形状是圆柱形，螺纹副本身不具有密封性（图 2-3-4），若要求连接后具有密封性，可压紧被连接螺纹副外的密封面，也可在密封面间添加密封物等。

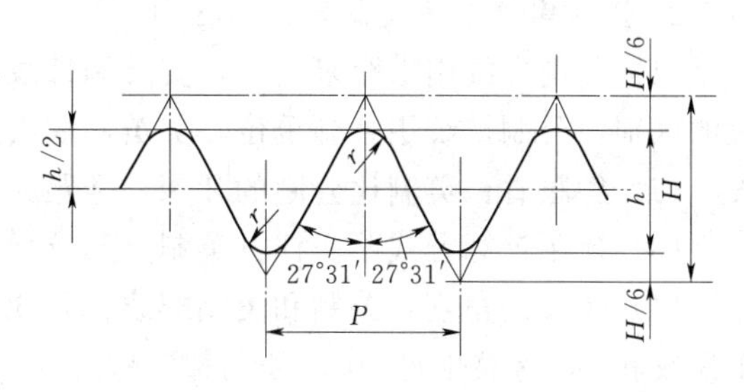

图 2-3-4　管螺纹牙型

（1）螺纹的基本牙型。圆柱螺纹的基本牙型如图 2-3-4 所示。牙型角为 55°，螺距以 1in（25.4mm）内的牙数 n 换算出。牙顶及牙底均为圆弧形。

（2）螺纹标记。圆柱管螺纹的标记由螺纹特征代号、尺寸代号和公差等级代号组成，其标记见表 2-3-3。

表 2-3-3　英制管螺纹的标记

<table>
<tr><th colspan="2">螺纹种类</th><th>特征代号</th><th>牙型角</th><th>标　记　示　例</th><th>标　记　方　法</th></tr>
<tr><td colspan="2">55°非密封管螺纹</td><td>G</td><td rowspan="5">55°</td><td>GIA
示例说明：
G—55°非密封管螺纹；
I—尺寸代号；
A—外螺纹公差等级代号</td><td rowspan="8">尺寸代号：在向米制转化时，已为人熟悉的、原代表螺纹公称直径（单位为英寸）的简单数字被保存下来，没有换算成毫米，不再称作公称直径，也不是螺纹本身的任何直径尺寸，只是无单位的代号。右旋不标旋向代号</td></tr>
<tr><td rowspan="4">55°密封管螺纹</td><td>圆锥内螺纹</td><td>R_C</td><td rowspan="4">$R_C1\frac{1}{2}$—LH
示例说明：
R_C—圆锥内螺纹，属于 55°密封管螺纹；
$1\frac{1}{2}$—尺寸代号；
LH—左旋</td></tr>
<tr><td>圆柱内螺纹</td><td>R_P</td></tr>
<tr><td>与圆柱内螺纹配合的圆锥外螺纹</td><td>R_1</td></tr>
<tr><td>与圆锥内螺纹配合的圆锥外螺纹</td><td>R_2</td></tr>
<tr><td rowspan="2">60°密封管螺纹</td><td>圆锥管螺纹（内外）</td><td>NPT</td><td rowspan="3">60°</td><td>NPT3/4—LH
示例说明：
NPT—圆锥管螺纹，属于 60°密封管螺纹；
3/4—尺寸代号；
HL—左旋</td></tr>
<tr><td>与圆锥外螺纹配合的圆柱内螺纹</td><td>NPSC</td><td>NPSC3/4
示例说明：
NFSC—与圆雄外螺统配合的圆柱内螺纹，属于 60°密封管螺纹；
3/4—尺寸代号</td></tr>
<tr><td colspan="2">米制锥螺纹（管螺纹）</td><td>ZM</td><td>ZM14—S
示例说明：
ZM—米制锥螺纹；
14—基面上螺纹公称直径；
S—短基距</td></tr>
</table>

3. 公制螺纹与美英制螺纹的区别

（1）公制螺纹用螺距来表示，美英制螺纹用每英寸内的螺纹牙数来表示，这是它们最大的区别，公制螺纹用公制单位，美英制螺纹用英制单位。

（2）凭眼看：英制比公制的牙深，牙距大。

（3）牙距计算方式不一样：英制是每英寸多少牙。

（4）螺纹的角度：公制和美制螺纹都是60°，英制是55°，TM水管螺纹是30°、SM针车螺纹和BC螺纹也是60°、公制梯形螺纹30°、英制梯形螺纹29°。

（5）普通螺纹：公制螺纹M；英制W；美制UNC、UNE、UNEF。

（6）管螺纹：英制PS、PT、PF；美制NPS、NPT、NPTF、NPSM。

（7）风嘴螺纹：CTV、TV。

二、操作设备、工具准备

本任务需要准备的操作设备、工具见表2-3-4。

表2-3-4　操作设备、工具

序号	设备、工具名称	单位	数量	用途
1	C6132A车床	台	24	主要加工设备
2	英制三角螺纹刀	把	24	车英制三角螺纹
3	切断刀	把	24	切槽切断工件
4	ϕ10mm钻头	把	24	钻孔
5	垫片	块	数块	用以垫车三角螺纹刀或车刀
6	外圆车刀	把	48	车外圆、端面、倒角
7	游标卡尺	把	24	测量外径、长度
8	工程图	张	24	主要图样
9	ϕ30mm×38mm的钢料	件	25	主要加工材料

三、英制三角螺纹刀的刃磨与安装

1. 英制三角形螺纹车刀的几何形状

英制三角螺纹的牙型是55°，因此刀具角度应选择55°的英制三角螺纹车刀（图2-3-5）。

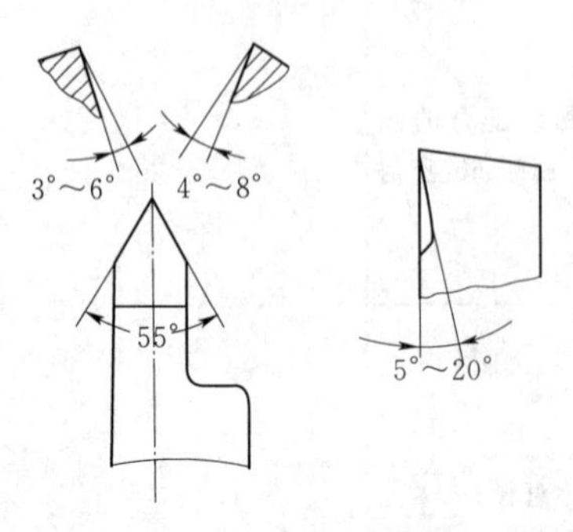

图2-3-5　英制三角螺纹车刀

2. 刃磨要求

英制三角螺纹刀的刃磨基本与公制三角螺纹刀的刃磨方法一样，但是英制三角螺纹刀的刀尖角比公制三角螺纹刀的刀尖角要小，所以刃磨时要注意刀具的冷却，容易造成刀尖处过热，使刀具加工性能降低。

3. 刀具安装

由于英制三角螺纹车刀除了牙型角55°不同之处外，其他均一样，所以安装方法与普通三角螺纹车刀的相同。

四、英制三角螺纹车削工艺安排

1. 车螺纹前工件的工艺要求

一般应先通过计算得出螺纹的大径，计算车削参数基本与公制螺纹相同。

根据表 2－3－5 查 G3/8 管螺纹 d、d_2、d_1、h_1、h_0 的基本尺寸。

表 2－3－5　管螺纹的基本尺寸

螺纹代号	基本尺寸 /in	大径 $d=D$ /mm	螺距 P /mm	每英寸牙数	中径 $d_2=D_2$ /mm	小径外螺纹 d_3/mm	牙高 H_1/mm	圆弧尺寸 r/mm	底孔尺寸 /mm
R $\frac{1}{16}$	$\frac{1}{16}$	7.723	0.907	28	7.142	6.561	0.581	0.125	6.4
R $\frac{1}{8}$	$\frac{1}{8}$	9.728	0.907	28	9.147	8.566	0.581	0.125	8.4
R $\frac{1}{4}$	$\frac{1}{4}$	13.157	1.337	19	12.301	11.445	0.856	0.184	11.2
R $\frac{3}{8}$	$\frac{3}{8}$	16.662	1.337	19	15.806	14.950	0.856	0.184	14.75
R $\frac{1}{2}$	$\frac{1}{2}$	20.955	1.814	14	19.793	18.631	1.162	0.249	18.25
R $\frac{3}{4}$	$\frac{3}{4}$	26.441	1.814	14	25.279	24.117	1.162	0.249	23.75
R 1	1	33.249	2.309	11	31.77	30.291	1.479	0.317	30
R $1\frac{1}{4}$	$1\frac{1}{4}$	41.910	2.309	11	40.431	38.952	1.479	0.317	38.5
R $1\frac{1}{2}$	$1\frac{1}{2}$	47.803	2.309	11	46.324	44.845	1.479	0.317	44.5
R 2	2	59.614	2.309	11	58.135	56.656	1.479	0.317	56
R $2\frac{1}{2}$	$2\frac{1}{2}$	75.184	2.309	11	73.705	72.226	1.479	0.317	71
R 3	3	87.884	2.309	11	86.405	84.926	1.479	0.317	85.5
R 4	4	113.030	2.309	11	111.551	110.072	1.479	0.317	110.5
R 5	5	138.430	2.309	11	136.951	135.472	1.479	0.317	136
R 6	6	163.830	2.309	11	162.351	160.872	1.479	0.317	161.5

尺寸代号 G3/8 的管螺纹参数为：牙数 19，螺距 1.337mm；牙高 0.856mm；大径 $d=16.662$mm；中径 $d_2=15.805$mm；小径 $d_1=14.950$mm。

2. 车削方法

英制三角螺纹的车削方法一般采用左右切削法或斜进法。

五、英制三角螺纹的测量

英制螺纹多用于连接和密封，一般采用螺纹环规（图 2－1－18）综合测量英制三角形外螺纹。其检查方法、要求、步骤与普通三角螺纹的检查相同。

六、操作要点及安全注意事项

（1）车螺纹前要检查组装交换齿轮的间隙是否适当。把主轴变速手柄放在空挡位置，用手旋转主轴（正、反），检查是否有过重或空转量过大现象。

（2）初学车螺纹时，由于操作不熟练，一般宜采用较低的切削速度，并特别注意声练习操作过程中思想要集中。

（3）车螺纹时，开合螺母必须闸到位，如感到未闸好，应立即起闸，重新进行。

（4）调整交换齿轮时，必须切断电源，停车后进行。交换齿轮装好后要装上防护罩。

（5）车螺纹时是按螺距纵向进给的，因此进给速度应快，退刀和起开合螺母（或倒车）必须及时、动作协调，否则会使车刀与工件台阶或卡盘撞击而产生事故。

（6）倒、顺车换向不能过快，否则机床将受到瞬时冲击，容易损坏机件。在卡盘与主轴连接处必须安装保险装置，以防因卡盘在反转时从主轴上脱落。

（7）车螺纹进刀时，必须注意中滑板手柄不要多摇一圈，否则会造成刀尖崩刃或工件损坏。

（8）开车时，不能用棉纱擦工件，否则会使棉纱卷入工件，手指也容易一起卷进而造成事故。

【任务实施】

本任务实施步骤见表 2－3－6。

表 2－3－6　　任务实施步骤

步骤	实施内容	完成者	说明
1	审图、确定加工工艺	教师、全体学生	教师引导学生进行审图、确定加工工艺
2	工件装夹	学生	教师指导学生把工件装夹牢固
3	车端面、外圆、钻孔、倒角	学生	学生先根据工程图的图样要求，把端面、外圆、钻孔、倒角车好
4	安装英制三角螺纹刀	教师、学生	教师讲解英制三角螺纹刀的安装要求，组织小组教师演示英制三角螺纹刀安装，安排每位学生轮流观看一次，然后指导学生按要求安装英制三角螺纹刀
5	选择切削用量	教师、学生	教师演示选择转速 30～125r/min 之间；指导学生选择切削用量
6	车削英制三角螺纹方法	教师、学生	教师先讲解车削英制三角螺纹的要求、方法、注意事项，演示车削英制三角螺纹达到要求；指导学生完成英制三角螺纹的车削，达到图样要求
7	综合车削加工完成	全体学生	教师演示完成后，学生自己独立完成

【任务评价】

根据学生完成本任务的情况对他们的实习进行评价，评价表见表 2－3－7。

表 2－3－7　　直通管接头质量检测评价表

序号	考核项目	考核内容及要求	配分	评分标准	检验结果	得分
1	螺纹	2—G3/8	40	螺纹环规检查，按松紧情况酌情扣分		
2	外圆	$\phi 25.4$	7	每超差 0.1 扣 5 分		
3	内孔	$\phi 10$	8	按 IT13 超差扣分		

续表

序号	考核项目	考核内容及要求	配分	评分标准	检验结果	得分
4	长度	2～12	10	按 IT13 超差扣分		
5		34	5	每超差 0.1 扣 5 分		
6	切槽	(2～3) ×1	2	按 IT13 超差扣分		
7	倒角	$C1$，4 处	4	m 超差不得分		
8	粗糙度	$R_a 3.2\mu m$，4 处	4	降一级扣 2 分		
9	工具、设备的使用与维护	正确、规范使用工、量、刃具，合理保养及维护工、量、刃具	10	不符合要求酌情扣 1～8 分		
		正确、规范使用设备，合理保护及维护设备		不符合要求酌情扣 1～8 分		
		操作姿势、动作正确		不符合要求酌情扣 1～8 分		
10	安全与其他	安全文明生产，按国家颁布的有关法规或企业自定的有关规定	10	一项不符合要求扣 2 分，发生较大事故者取消考试资格		
		操作、工艺规范正确		一处不符合要求扣 2 分		
		工件各表面无缺陷		不符合要求酌情扣 1～8 分		
总分：						

任务四　车削圆螺母

【任务描述】

江门某机床设备厂现生产机床设备，需生产一批普通车床的圆螺母来配套，现订制一批圆螺母，数量 120 件，材料、加工要求见生产任务书。

【生产任务书】

零件施工单见表 2-4-1，圆螺母图样如图 2-4-1 所示。

表 2-4-1　　零件施工单

投放日期：__________班组：__________要求完成任务时间：____天

材料尺寸及数量：$\phi 60mm \times 15mm$，120 件

图号	零件名称		计划数量		完成数量
02-04-01	圆螺母		120 件		
加工成员姓名	工序	合格数	工废数	料废数	完成时间
班组质检				抽检	
总质检					

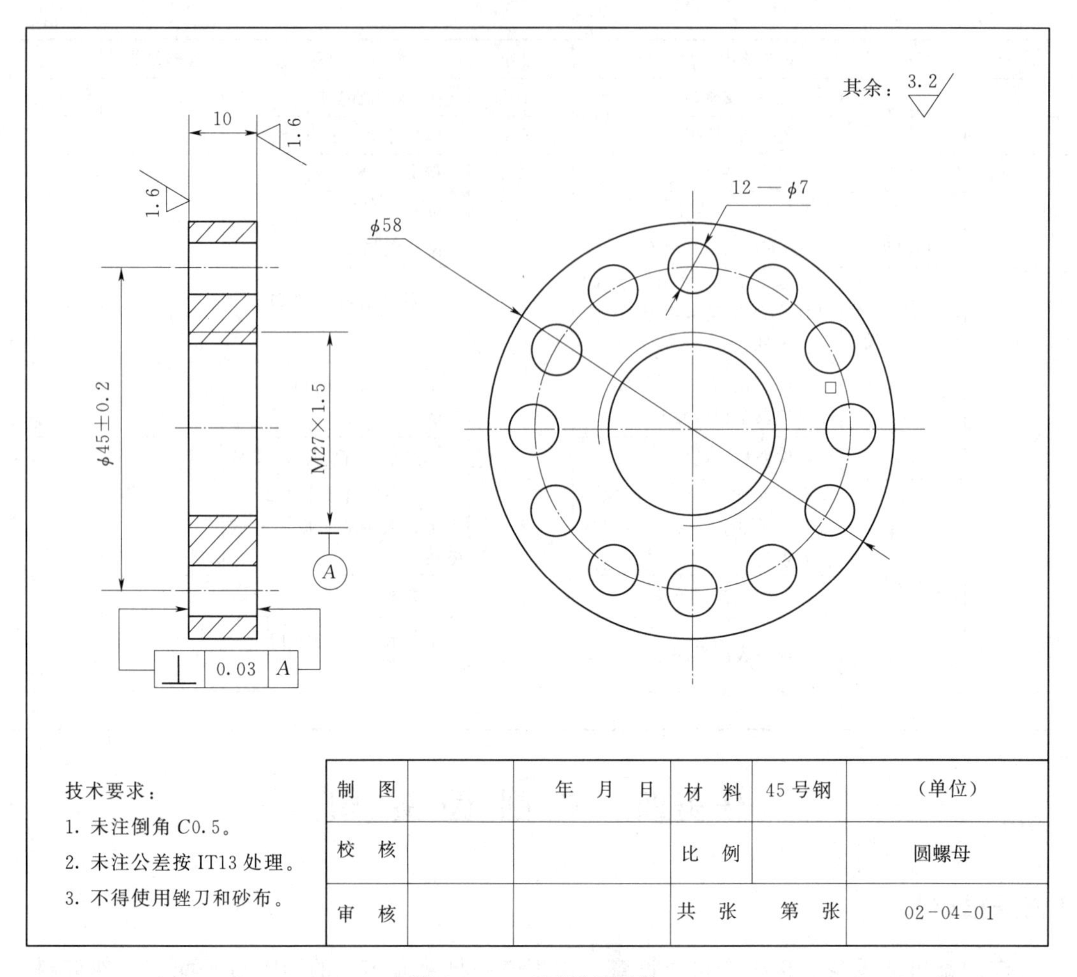

图2-4-1　圆螺母图样

【任务分析】

本任务是使用毛坯料为φ60mm×15mm的钢料，在以往车削外圆、切断的课题基础上，车削圆螺母（图2-4-1），其中包括车三角内螺纹的基本知识、操作设备及工具准备、车三角内螺纹刀的刃磨与安装、三角内螺纹车削工艺安排等，作为准备内容，见表2-4-2。

表2-4-2　　　　完成车削圆螺母必须进行的准备内容

序　号	内　容
1	车三角内螺纹的基本知识
2	操作设备及工具准备
3	车三角内螺纹刀的刃磨与安装
4	三角内螺纹车削工艺安排
5	三角内螺纹的测量
6	操作要点及安全注意事项

【实施目标】

通过圆螺母产品加工，了解企业生产的管理流程；锻炼学生表达与沟通能力；能正确选择和运用刀具；能合理安排车削三角内螺纹加工工艺；能合理安排工作岗位，安全操作机床加工产品。

（1）质量目标：能按圆螺母车削要求安排车削步骤，并按照普通车床操作的安全规程、车间安全防护规定，操作车床加工出产品。

（2）安全目标：严格按照普通车床车间安全操作规程进行任务作业。

（3）文明目标：自觉按照普通车床车间文明生产规则进行任务作业。

【实施建议】

（1）将学生按人数平均分组，明确任务组长。

（2）分别以车间主任、班组长、一线员工等角色领取任务，责任到人。

（3）适时组织小组讨论分工、信息学习、加工工步、评价学习等教学活动。

【任务信息学习】

一、三角内螺纹的基本知识

1. 三角内螺纹的形式和车削特点

三角内螺纹有通孔内螺纹、不通孔内螺纹和台阶孔内螺纹三种形式，如图 2-4-2 所示。车三角内螺纹的方法与车三角外螺纹的方法基本相同，但进刀与退刀的方向正好相反。车内螺纹（尤其是直径较小的内螺纹）时，由于刀柄细长、刚度低、切屑小易排出、切削液不易注入及车削时不便于观察等原因造成车内螺纹比车削一角形外螺纹要困难得多。

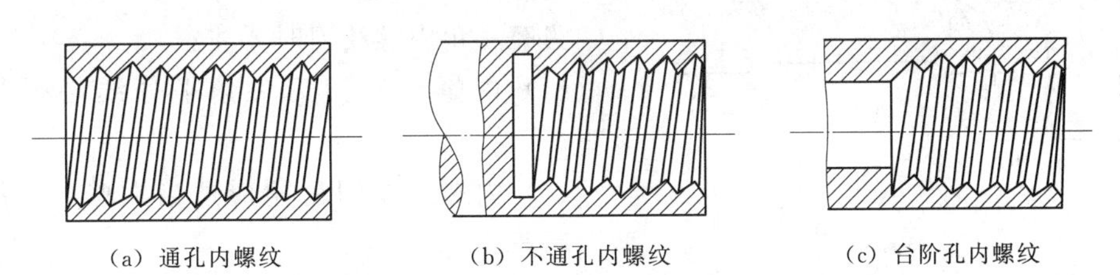

（a）通孔内螺纹　　（b）不通孔内螺纹　　（c）台阶孔内螺纹

图 2-4-2　三角内螺纹的形式

2. 三角内螺纹孔径的计算

车削内螺纹前，一般先钻孔或扩孔。由于车削时的挤压作用，内孔直径会缩小，对于塑性金属材料较为明显，所以车螺纹前的底孔孔径应略大于螺纹小径的基本尺寸，底孔孔径可按下式计算确定：

车削塑性材料时　　$D_{孔}=D-P$

车削脆性材料时　　$D_{孔}=D-1.05P$

式中　$D_{孔}$——底孔直径；

D——内螺纹大径，mm；

P——螺距，mm。

二、操作设备、工具准备

本任务需要准备的操作设备、工具见表 2-4-3。

表 2-4-3　　操作设备、工具

序　号	设备、工具名称	单　位	数　量	用　　途
1	C6132A 车床	台	24	主要加工设备
2	内三角螺纹刀	把	24	车三角螺纹
3	切断刀	把	24	切断工件
4	垫片	块	数块	用以垫车三角螺纹刀或车刀
5	外圆车刀	把	48	车外圆、端面、倒角
6	游标卡尺	把	24	测量外径、长度
7	工程图	张	24	主要图样
8	ϕ60mm×15mm 的钢料	件	50	主要加工材料

三、三角内螺纹刀的刃磨与安装

1. 三角内螺纹刀的刃磨

三角内螺纹车刀（图 2-4-3）刀头的几何形状基本与三角外螺纹车刀的角度一样，刃磨的方法与三角外螺纹车刀的刃磨方法一样。

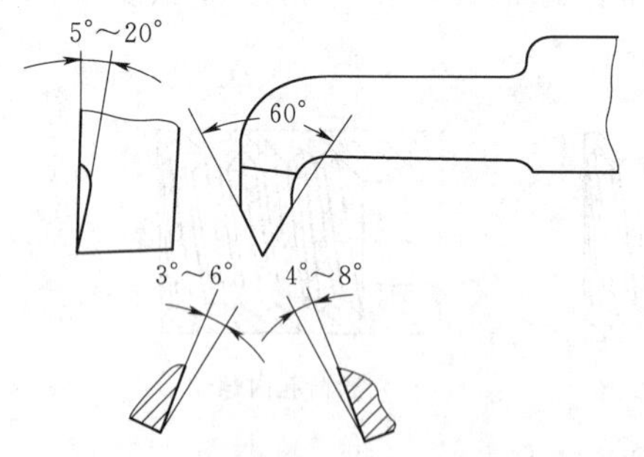

图 2-4-3　三角形内螺纹车刀

刃磨三角内螺纹刀时要注意：

(1) 内螺纹车刀刀尖角平分线必须与刀杆垂直。

(2) 内螺纹车刀后角应适当大些，一般磨有两个后角。

(3) 内螺纹车刀刀体直径应为孔径的 2/3，太大会与孔壁发生碰撞，太小车削时会产生振动影响加工质量。

2. 三角螺纹车刀的选用与装夹

(1) 三角内螺纹车刀的选用。车削内螺纹时，应根据小同的螺纹形式选用不同的内螺纹车刀，常见的内螺纹车刀如图 2-4-4 所示，其中图 2-4-4 (a) 和图 2-4-4 (b) 为通孔内螺纹车刀，图 2-4-4 (c) 和图 2-4-4 (d) 为不通孔和台阶孔内螺纹车刀。内螺纹车刀刀柄受螺纹孔径尺寸的限制，刀柄应在保证顺利车削的前提下尽量选截面积大的，一般选用车刀切削部分径向尺寸比孔径小 3～5mm 的螺纹车刀。刀柄太细车削时容易振动；刀柄太粗退刀时会碰伤内螺纹牙顶，甚至不能车削。

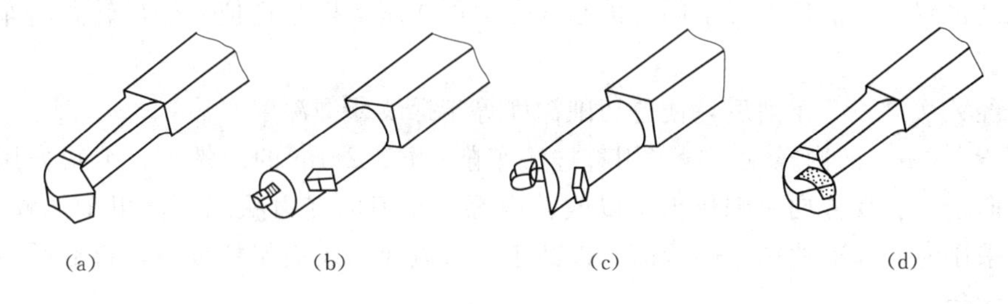

图 2-4-4　内螺纹车刀

(2) 三角形内螺纹车刀的装夹。

1) 刀柄伸出的长度应大于内螺纹长度 10～20mm。

2) 调整车刀的高低位置，使刀尖对准工件回转中心，并轻轻压住。

3) 将螺纹对刀样板（图 2-4-5）侧面靠平工件端平面，刀尖部分进入样板的槽内进行对刀，调整并夹紧车刀子。

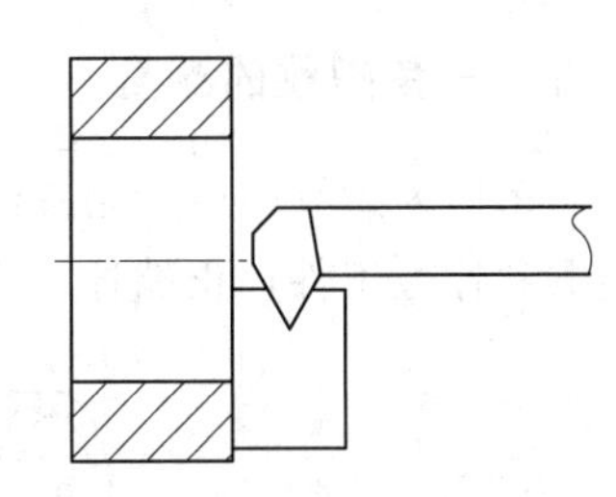

图 2-4-5　内螺纹车刀的对刀方法

4) 装夹好的螺纹车刀应在底孔内试走一次（手动），要注意它的平分线与刀杆垂直，防止刀柄与内孔相碰而影响车削，如图 2-4-6 所示。

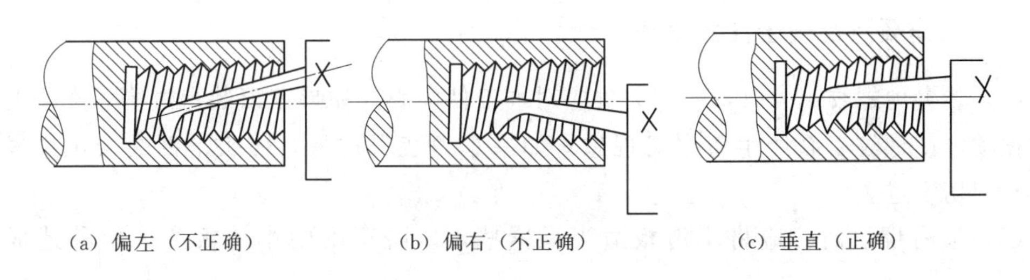

图 2-4-6　车刀刀尖角与刀杆位置关系

四、三角螺纹车削工艺安排

三角形内螺纹的车削方法如下：

(1) 车内螺纹前，先把工件的端平面、螺纹底孔及倒角等车好，车小通孔螺纹或台阶孔螺纹时还需车好退刀槽，退刀槽直径应大于内螺纹大径，槽宽为 (2～3)P，并与台阶平面切平。

(2) 选择合理的切削速度，并根据螺纹的螺距调整进给箱各手柄的位置。

(3) 内螺纹车刀装夹好后，开车对刀。记住中滑板刻度或将中滑板刻度盘调零。

(4) 在车刀刀柄上做标记或用溜板箱手轮刻度控制螺纹车刀在孔内车削的长度。

(5) 用中滑板进刀，控制每次车削的切削深度（即背吃力量），进刀方向与车削外螺纹时的进刀方向相反。

(6) 压下开合螺母手柄车削内螺纹，当车刀移动到标记位置或溜板箱下轮刻度显示到达螺纹长度位置时，快速退刀，同时提起开合螺母或压下操纵杆使主轴反转，将车刀退到起始位置。

(7) 经数次进刀、车削后，使总切削深度等于螺纹牙型深度。

螺距 $P \leqslant 2$mm 的内螺纹一般采用直进法车削；$P > 2$mm 的内螺纹一般得先用斜进法粗车，并向走刀相反方向一侧借刀，以改善内螺纹车刀的受力状况，使粗车能顺利进行；精车时，采用左右切削法精车两侧面，以减小牙型侧面的表面粗糙度值，最后采用直进法车至螺纹大径。

(8) 切削用量与切削液的选择与车三角形外螺纹相同。

五、三角螺纹的测量

三角形内螺纹一般采用螺纹塞规（图 2-4-7）进行综合检测、检测时，螺纹塞规通端能顺利拧入工件，止端拧不进工件，说明螺纹合格。

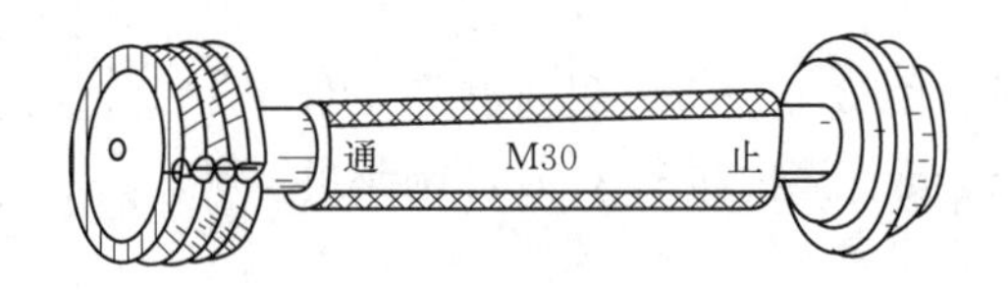

图 2-4-7　螺纹塞规

六、操作要点及安全注意事项

(1) 装夹内螺纹车刀时，车刀刀尖应对准工件中心。如果车刀装得过高，车削时容易引起振动，使螺纹表面产生鱼鳞斑现象；如果车刀装得过低，刀头下部会与工件发生摩擦，车刀切不进去。

(2) 车内螺纹时，应将小滑板适当调紧些，以防车削中小滑板产生位移造成螺纹乱牙。

(3) 车内螺纹时，退刀要及时、准确。退刀过早螺纹未车完；退刀过迟车刀容易碰撞孔底。

(4) 车内螺纹时，赶刀量不宜过多，以防精车螺纹时没有余量。

(5) 精车时必须保持车刀锋利，否则容易产生“让刀”，致使螺纹产生锥形误差。一旦产生锥形误差，不能盲目增加背吃刀量，而是应让螺纹车刀在原切削深度反复进行无进给切削来消除误差。

(6) 工件在回转中时，不能用棉纱去擦内孔，更不允许用手指去摸内螺纹表面，以免发生事故。

(7) 车削中发生车刀碰撞孔底时，应及时重新对刀，以防因车刀移位而造成乱牙。

【任务实施】

本任务实施步骤见表 2-4-4。

表 2-4-4　　任务实施步骤

步骤	实施内容	完成者	说明
1	审图、确定加工工艺	教师、全体学生	教师引导学生进行审图、确定加工工艺
2	工件装夹	学生	教师指导学生把工件装夹牢固
3	车端面、外圆、倒角	学生	学生先根据工程图的图样要求，把外圆、内孔车好
4	安装三角内螺纹刀	教师、学生	教师讲解三角内螺纹刀的安装要求，组织小组教师演示三角内螺纹刀安装，安排每位学生轮流观看一次，然后指导学生按要求安装三角内螺纹刀
5	选择切削用量	教师、学生	教师演示选择转速 30～125r/min 之间；指导学生选择切削用量
6	车三角内螺纹方法	教师、学生	教师先讲解车三角内螺纹的地要求、方法、注意事项，演示车三角内螺纹达到要求；指导学生完成三角内螺纹的车削，达到图样要求
7	综合车削加工完成	全体学生	教师演示完成后，学生自己独立完成

【任务评价】

根据学生完成本任务的情况对他们的实习进行评价，评价表见表 2-4-5。

表 2-4-5　　圆螺母质量检测评价表

序号	考核项目	考核内容及要求	配分	评分标准	检验结果	得分
1	三角螺纹	M27×1.5	40	螺纹塞规检查，按松紧情况酌情扣分		
2	外圆	$\phi 58$	10	按 IT13 超差扣分		
3	长度	10	10	按 IT13 超差扣分		
4	倒角	C1，2 处	5	*m* 超差不得分		
5	粗糙度	$R_a 3.2\mu m$，5 处	15	降一级扣 2 分		
6	工具、设备的使用与维护	正确、规范使用工、量、刃具，合理保养及维护工、量、刃具	10	不符合要求酌情扣 1～8 分		
		正确、规范使用设备，合理保护及维护设备		不符合要求酌情扣 1～8 分		
		操作姿势、动作正确		不符合要求酌情扣 1～8 分		
7	安全与其他	安全文明生产，按国家颁布的有关法规或企业自定的有关规定	10	一项不符合要求扣 2 分，发生较大事故者取消考试资格		
		操作、工艺规范正确		一处不符合要求扣 2 分		
		工件各表面无缺陷		不符合要求酌情扣 1～8 分		
总分：						

【扩展视野】

应用：车削刀架螺母（图 2－4－8）。

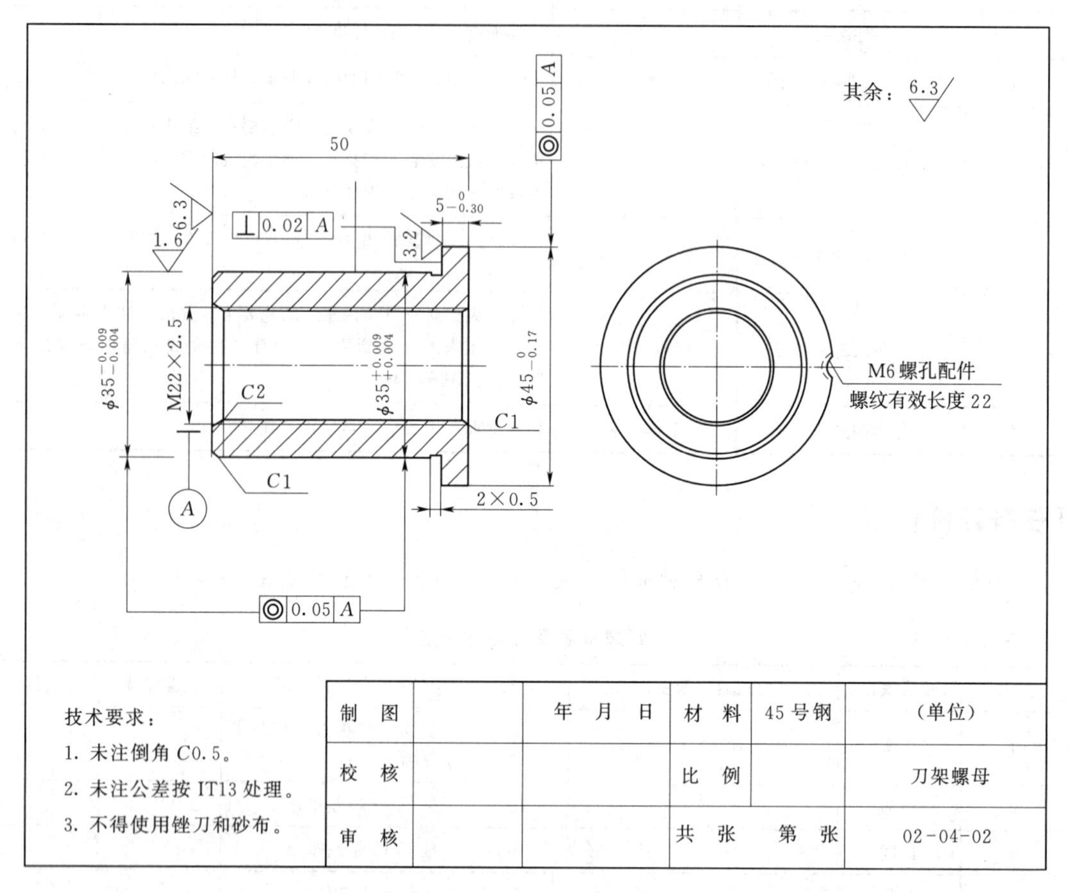

图 2－4－8　刀架螺母图样

项目三　车削传动螺纹

任务一　车削车床小拖板丝杆

【任务描述】

江门某机床设备厂现生产机床设备，需要生产一批普通车床的车床小拖板丝杆来配套，现订制一批车床小拖板丝杆，数量120件，工期20天，配套材料、加工要求见生产任务书。

【生产任务书】

零件施工单见表3-1-1，车床小拖板丝杆图样如图3-1-1所示。

表3-1-1　　零件施工单

投放日期：＿＿＿＿＿＿班组：＿＿＿＿＿要求完成任务时间：＿＿天

材料尺寸及数量：ϕ25mm×250mm，120件

图　号	零件名称		计划数量		完成数量
03-01-01	车床小拖板丝杆		120件		
加工成员姓名	工序	合格数	工废数	料废数	完成时间
班组质检				抽检	
总质检					

【任务分析】

本任务是使用毛坯料为ϕ25mm×250mm的钢料，在以往车削外圆、切槽、车外三角螺纹的课题基础上，车削车床小拖板丝杆（图3-1-1），其中包括车削梯形螺纹的基本知识、梯形螺纹车刀及其刃磨知识、操作设备及工具准备、梯形螺纹车刀的选择与装夹、梯形螺纹车削工艺安排、梯形螺纹的测量等作为准备，见表3-1-2。

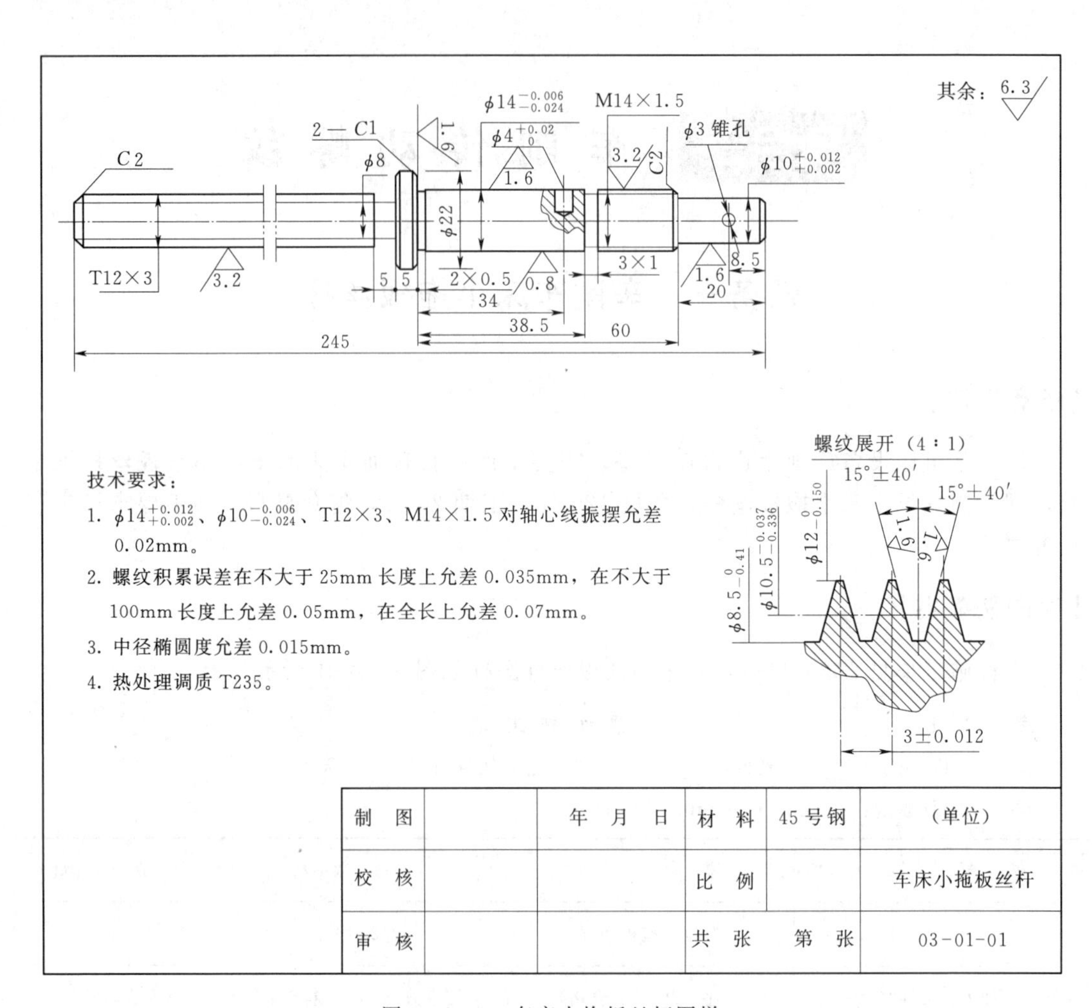

图 3-1-1　车床小拖板丝杆图样

表 3-1-2　　完成车削车床小拖板丝杆必须进行的准备内容

序　号	内　容
1	车削梯形螺纹的基本知识
2	梯形螺纹车刀及其刃磨知识
3	操作设备及工具准备
4	车削梯形螺纹车床的选择和调整
5	车梯形螺纹工件的装夹
6	梯形螺纹车刀的选择与装夹
7	车削梯形螺纹的方法
8	梯形螺纹的测量
9	操作要点及安全注意事项

【实施目标】

通过车床小拖板丝杆产品加工，了解企业生产的管理流程；锻炼学生表达与沟通能力；能正确选择和运用刀具；能合理安排车削三角内螺纹加工工艺；能合理安排工作岗位，安全操作机床加工产品。

(1) 质量目标：能按车床小拖板丝杆车削要求安排车削步骤，并按照普通车床操作的安全规程、车间安全防护规定，操作车床加工出产品。

(2) 安全目标：严格按照普通车床车间安全操作规程进行任务作业。

(3) 文明目标：自觉按照普通车床车间文明生产规则进行任务作业。

【实施建议】

(1) 将学生按人数平均分组，明确任务组长。

(2) 分别以车间主任、班组长、一线员工等角色领取任务，责任到人。

(3) 适时组织小组讨论分工、信息学习、加工工步、评价学习等教学活动。

【任务信息学习】

一、梯形螺纹的基础知识

梯形螺纹的牙型角为30°，英制梯形螺纹（其牙型角为29°）在我国较少采用，因此，只介绍30°牙型角的梯形螺纹。

30°梯形螺纹（以下简称梯形螺纹）的代号用字母“Tr”及公称直径×螺距表示，单位均为mm。左旋螺纹需在尺寸规格之后加注“LH”，右旋则不注出。如Tr36×6，Tr44×8LH等。

梯形螺纹的牙型如图3-1-2所示。

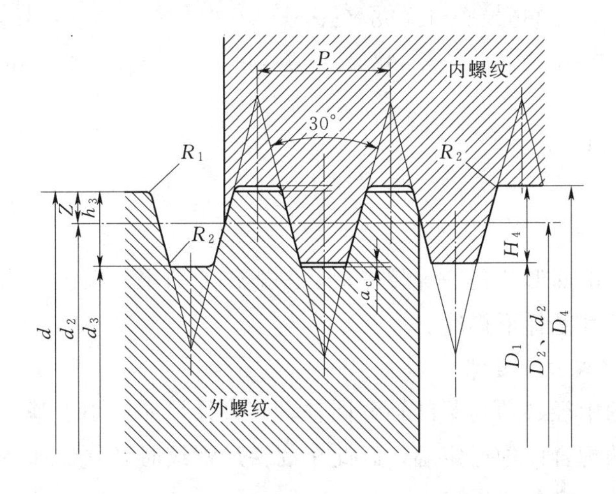

图3-1-2　梯形螺纹牙型

1. 梯形螺纹的基本参数及计算（见表 3-1-3）

表 3-1-3　　梯形螺纹各部分名称、代号及计算公式

<table>
<tr><th colspan="2">名　　称</th><th>代　号</th><th colspan="4">计　算　公　式</th></tr>
<tr><td colspan="2">牙型角</td><td>α</td><td colspan="4">$\alpha=30°$</td></tr>
<tr><td colspan="2">螺距</td><td>P</td><td colspan="4">由螺纹标准确定</td></tr>
<tr><td colspan="2" rowspan="2">牙顶间隙</td><td rowspan="2">a_c</td><td>P</td><td>1.5～5</td><td>6～12</td><td>14～44</td></tr>
<tr><td>a_c</td><td>0.25</td><td>0.5</td><td>1</td></tr>
<tr><td rowspan="4">外螺纹</td><td>大径</td><td>d</td><td colspan="4">公称直径</td></tr>
<tr><td>中径</td><td>d_2</td><td colspan="4">$d_2=d-0.5P$</td></tr>
<tr><td>小径</td><td>d_3</td><td colspan="4">$d_3=d-2h_3$</td></tr>
<tr><td>牙高</td><td>h_3</td><td colspan="4">$h_3=0.5P+a_c$</td></tr>
<tr><td rowspan="4">内螺纹</td><td>大径</td><td>D_4</td><td colspan="4">$D_4=d+2a_c$</td></tr>
<tr><td>中径</td><td>D_2</td><td colspan="4">$D_2=d_2$</td></tr>
<tr><td>小径</td><td>D_1</td><td colspan="4">$D_1=d-P$</td></tr>
<tr><td>牙高</td><td>H_4</td><td colspan="4">$H_4=h_3$</td></tr>
<tr><td colspan="2">牙顶宽</td><td>f、f'</td><td colspan="4">$f=f'=0.366P$</td></tr>
<tr><td colspan="2">牙槽底宽</td><td>W、W'</td><td colspan="4">$W=W'=0.366P-0.536a_c$</td></tr>
</table>

【例 3-1-1】 车削 Tr12×3 的丝杠和螺母，试求内外螺纹基本要素的尺寸和螺纹升角 ψ。

解　公称直径 $d=12$mm，螺距 $P=3$mm、$a_c=0.25$mm 根据表 3-1-3 中的公式有

$h_3=H_4=0.5P+a_c=0.5\times3+0.25=1.75$（mm）

$d_2=D_2=d-0.5P=12-0.5\times3=10.5$（mm）

$d_3=D1=d-2h_3=12-2\times1.75=8.5$（mm）

$f=f'=0.366P=0.366\times3=1.098$（mm）

$W=W'=0.366P-0.536a_c=0.366\times3-0.536\times0.25=0.964$（mm）

$$\tan\psi=\frac{P_h}{\pi d_2}=\frac{3}{3.14\times10.5}=0.091$$

$\psi=5°12'$

2. 梯形螺纹的作用

梯形螺纹的轴向剖面形状是一等腰梯形，一般作传动用，精度要求高，车床上的长丝杆和中、小滑板丝杆都是梯形螺纹。

3. 梯形螺纹的一般技术要求

（1）梯形螺纹的中径必须与基准轴颈同轴，其大径尺寸应小于基本尺寸。

（2）梯形螺纹的配合以中径定心，因此车削梯形螺纹时必须保证中径尺寸公差。

（3）梯形螺纹的牙型角要正确。

（4）梯形螺纹牙型两侧面的表面粗糙度值要小。

二、梯形螺纹车刀及其刃磨知识

1. 梯形螺纹车刀的分类与几何角度

车梯形螺纹时，径向切削力较大，为减少切削力，梯形螺纹车刀分为粗车刀和精车刀。

梯形螺纹车刀按材料分高速钢梯形螺纹车刀和硬质合金梯形螺纹车刀。

按加工类型分为梯形外螺纹车刀和梯形内螺纹车刀。

（1）高速钢梯形外螺纹粗车刀。其刀尖角应略小于梯形螺纹牙型角，一般取29°。刀尖宽度应小于牙型槽底宽 W，一般取 $2W/3$。径向前角取10°～15°，径向后角取6°～8°，两侧后角进刀方向为（3°～5°）$+\psi$，背进刀方向为（3°～5°）$-\psi$，刀尖处应适当倒圆，如图3-1-3所示。

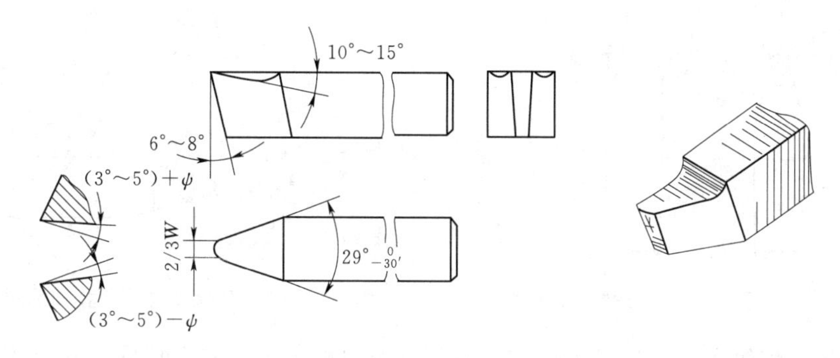

图3-1-3　高速钢梯形外螺纹粗车刀

（2）高速钢梯形螺纹精车刀。其刀尖角应等于梯形螺纹牙型角，即30°。为了保证牙形角，一般径向前角为0°～3°，径向后角取6°～8°，两侧后角进刀方向为（5°～8°）$+\psi$，背进刀方向为（5°～8°）$-\psi$。刀尖宽度等于牙型槽底宽 $W-(0.05\sim0.1)$mm，如图3-1-4所示。

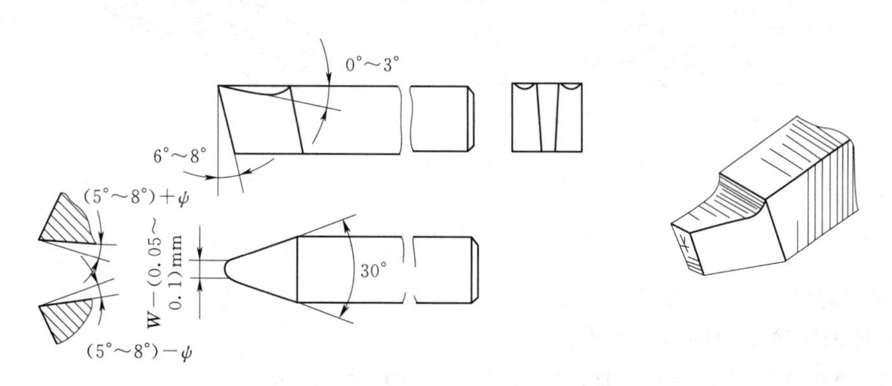

图3-1-4　高速钢梯形螺纹精车刀

（3）硬质合金梯形螺纹车刀（图3-1-5）。车削一般精度的梯形螺纹时，可使用硬质合金梯形螺纹车刀进行高速车削，以提高生产效率。该车刀的刀尖角等于梯形螺纹牙型角，即30°。径向前角为0°，径向后角为6°～10°，两侧后角进刀方向为（3°～5°）$+\psi$，背进

刀方向为 (3°～5°)－ψ，如图 3－1－5 所示。

高速车削梯形螺纹时，由于三个切削刃同时切削，切削力较大，易引起振动，并且刀具前刀面为平面时，切屑呈带状流出，操作很不安全。

为了解决以上矛盾，可在前刀面上磨出两个圆弧，如图 3－1－6 所示。它的主要优点是：因为磨出了两个 $R7$mm 的圆弧，使纵向前角增大，切削顺利，不易引起振动。切屑呈球状排出，能保证安全，并使清除切屑方便。但这种车刀车出的螺纹牙型精度较差。

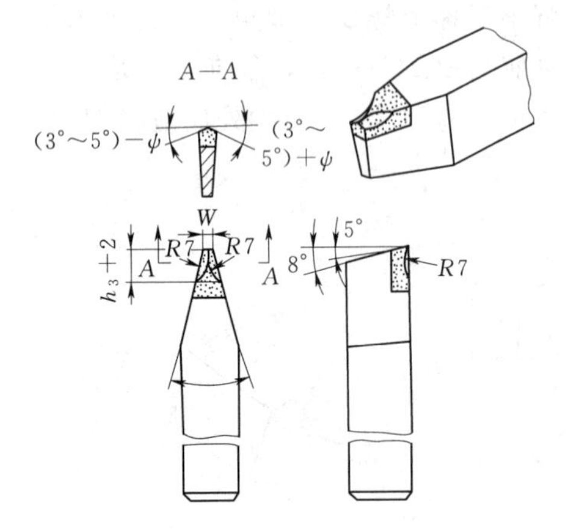

图 3－1－5 硬质合金梯形螺纹车刀

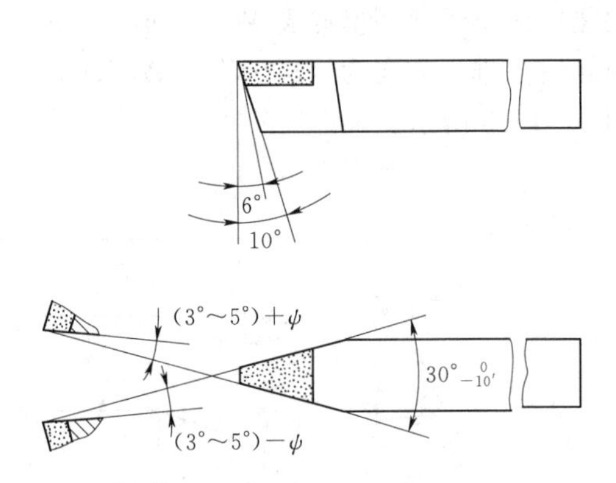

图 3－1－6 双圆弧硬质合金梯形螺纹车刀

(4) 梯形内螺纹车刀。梯形内螺纹车刀与三角内螺纹车刀基本相同，只是刀尖角等于 30°，如图 3－1－7 所示。为了增加刀头强度、减小振动，梯形内螺纹车刀的前面应相应磨得低一些。

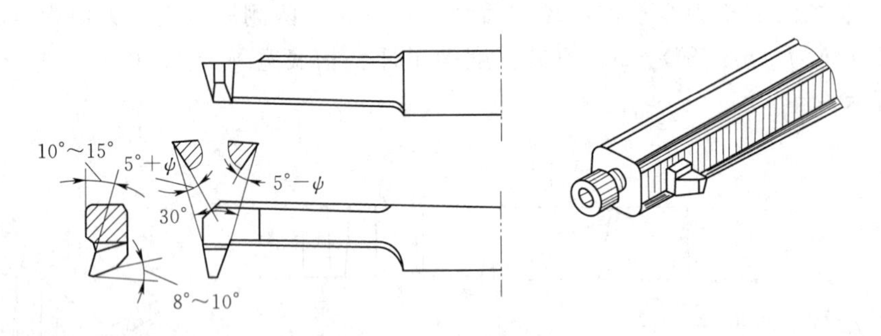

图 3－1－7 梯形内螺纹车刀

2. 梯形螺纹车刀的刃磨要求与刃磨方法

(1) 梯形螺纹车刀的刃磨要求。

1) 刃磨螺纹车刀两刃夹角时，应随时目测和用样板校对。

2) 径向前角不为零的螺纹车刀，两刃的夹角应修正，其修正方法与三角螺纹车刀修正方法相同。

3) 螺纹车刀各切削刃要光滑、平直、无裂口，两侧切削刃应对称，刀体不能歪斜。

4) 螺纹车刀各切削刃应用油石研去毛刺。

5）梯形内螺纹车刀两侧切削刃对称线应垂直于刀柄。梯形螺纹车刀刃磨的主要参数是螺纹的牙型角和牙底槽宽度。

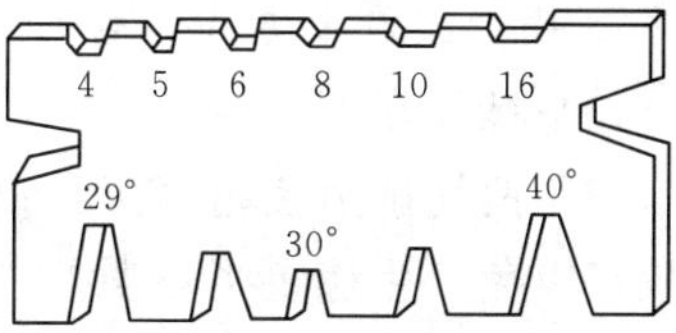

（2）梯形螺纹车刀的刃磨步骤。

1）粗磨两侧后面，初步形成刀尖角。

2）粗、精磨前面或径向前角。

3）精磨两侧后面，控制刀尖宽度，刀尖角用对刀样板（图3-1-8）修正。

4）用油石精研各刀面和刃口。

图3-1-8　对刀板

三、操作设备、工具准备

本任务需要准备的操作设备、工具见表3-1-4。

表3-1-4　　操作设备、工具

序　号	设备、工具名称	单　位	数　量	用　　途
1	C6132A车床	台	24	主要加工设备
2	外三角螺纹刀	把	24	车削三角螺纹
3	外梯形螺纹刀	把	24	车削梯形螺纹
4	切槽刀	把	24	切槽
5	垫片	块	数块	用以垫车三角螺纹刀或车刀
6	外圆车刀	把	24	车外圆、端面、倒角
7	游标卡尺	把	24	测量外径、长度
8	千分尺	把	24	测量外径
9	量针	支	24	测量梯形螺纹中径
10	螺纹环规	个	24	测量三角螺纹
11	工程图	张	24	主要图样
12	ϕ25mm×250mm的钢料	件	25	主要加工材料

四、车削梯形螺纹车床的选择和调整

（1）挑选精度较高、磨损较少的机床。

（2）正确调整机床各处间隙，对床鞍、中、小滑板的配合部分进行检查和调整，注意控制机床主轴的轴向窜动、径向圆跳动以及丝杆轴向窜动。

（3）选用磨损较少的交换齿轮，并仔细检查相关位置手柄是否正确。

五、车梯形螺纹工件装夹

车削梯形螺纹时，切削力较大，工件一般采用一夹一顶方式装夹。粗车螺距较大的梯形螺纹时，可采用四爪单动卡盘一夹一顶，以保证装夹牢固。此外，轴向采用限位台阶或限位支撑固定工件的轴向位置，以防车削中工件轴向蹿动或移位而造成乱牙或撞坏车刀。

六、梯形螺纹车刀的选择和装夹

1. 梯形螺纹车刀的选择

根据本任务图纸的要求，适宜选择低速车削梯形螺纹，一般选用高速钢车刀。

2. 梯形螺纹车刀的装夹

（1）螺纹车刀刀尖应与工件轴线等高。

（2）两切削刃夹角（刀尖角）的平分线应垂直于工件轴线，装夹时用梯形螺纹对刀样板校正以免产生螺纹半角误差，如图 3－1－9 所示。

七、车削梯形螺纹的方法

（1）螺距小于 4mm、精度要求不高的梯形外螺纹，可用一把梯形螺纹车刀粗、精车至尺寸要求。粗车时，进刀方式可采用少量的左右借刀法或斜进法，精车时采用直进法，如图 3－1－10 所示。

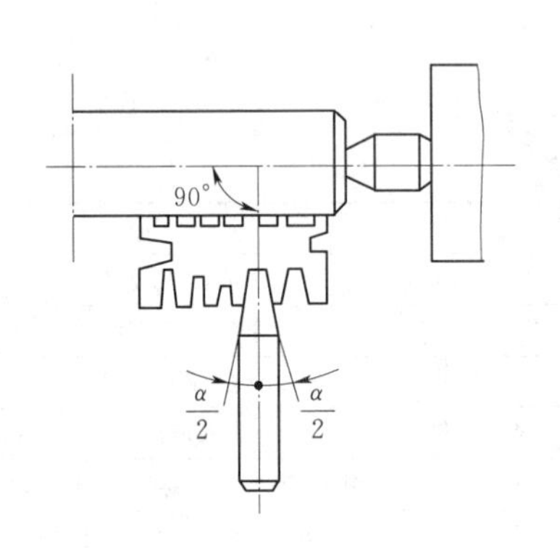

图 3－1－9　用对刀板装刀

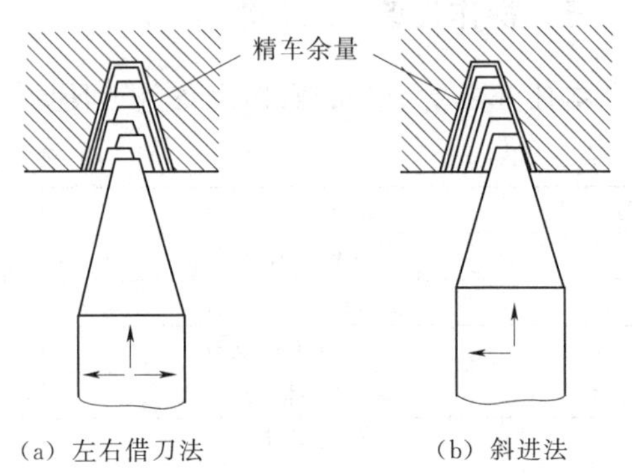

（a）左右借刀法　　（b）斜进法

图 3－1－10　螺距小于 4mm 的进刀方式

（2）螺距大于 4mm、精度要求高的梯形螺纹，一般采用左右借刀法或车直槽法车削，并分粗车、精车刀进行加工，具体步骤为：

1）粗车、半精车梯形螺纹时，螺纹大径留 0.3mm 左右余量，且倒角与端面成 15°，选用刀头宽度稍小于槽底宽的车刀，粗车螺纹（每边留 0.25～0.35mm 的余量），如图 3－1－11（a）所示。

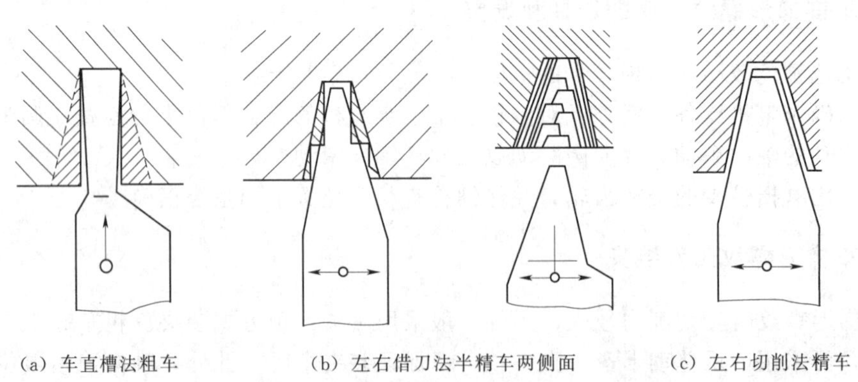

（a）车直槽法粗车　　（b）左右借刀法半精车两侧面　　（c）左右切削法精车

图 3－1－11　螺距大于 4mm 的梯形螺纹车削方法

2）用梯形螺纹车刀采用左右借刀法车削梯形螺纹两侧面，每边留 0.1～0.2mm 的精车余量，如图 3－1－11（b）、图 3－1－11（c）所示，并车准螺纹小径尺寸。

（3）精车大径至图样要求（一般小于螺纹基本尺寸）。

（4）选用精车梯形螺纹车刀，采用左右切削法完成螺纹加工，如图 3－1－11（d）所示。

八、外梯形螺纹的测量

1. 综合测量

精度要求不高的梯形外螺纹一般采用标准的梯形螺纹量规——螺纹环规进行综合检测。检测前，应先检查螺纹的大径、牙型角和牙型半角、螺距和表面粗糙度，然后用螺纹环规检测。如果螺纹环规的通端能顺利拧入工件螺纹，而止端不能拧入，则说明被检梯形螺纹合格。

2. 三针测量法

三针测量法（图 3－1－12）是一种比较精密的检测方法，适于测量精度要求较高、螺纹升角小于 4°的三角形螺纹、梯形螺纹和蜗杆的中径尺寸。测量时，将 3 根直径相等、尺寸合适的量针放置在螺纹两侧相对应的螺旋槽中，用千分尺测量两边量针点之间的距离 M，由 M 值换算出螺纹中径的实际尺寸。

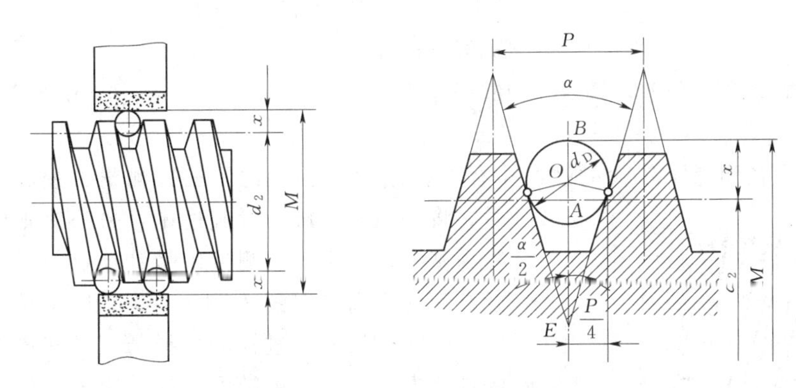

图 3－1－12　三针测量螺纹中径

（1）量针的选择。三针测量法采用的量针一般是专门制造的，实际应用中，有时也用优质钢丝或新钻头的柄部来代替，但与计算出的量针直径尺寸往往不相符合，这就需要认真选择。选用的量针直径 d_D 不能太大，必须保证量针截面与螺纹牙侧相切；也不能太小，否则量针将陷入牙槽中，其顶点低于螺纹牙顶而无法测量。最佳的量针直径是指量针横截面与螺纹牙侧相切于螺纹中径处时的量针直径（图 3－1－13）。

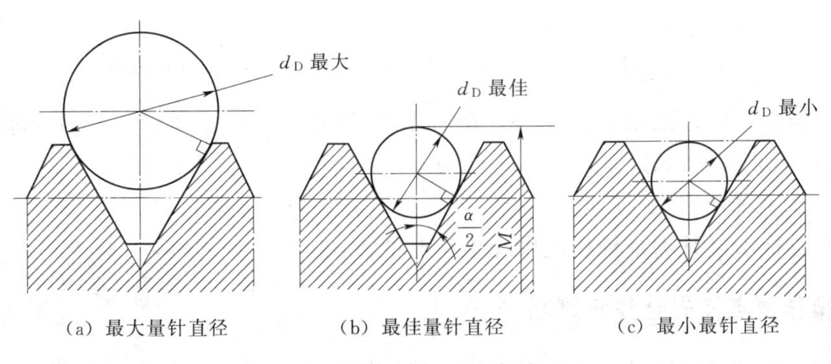

（a）最大量针直径　（b）最佳量针直径　（c）最小最针直径

图 3－1－13　量针直径的选择

（2）M 值及量针的简化计算（表 3－1－5）。

表 3－1－5 **M 值及量针的简化计算**

螺纹牙型角	量针直径 d_D		
	最大值	最佳值	最小值
30°（梯牙）	$0.656P$	$0.518P$	$0.486P$

【例 3－1－2】 车 Tr48×6 梯形螺纹，用三针测量螺纹中径，求量针直径和千分尺读数值 M。

解 量针直径 $d_D=0.518P=0.518\times6=3.1$（mm）

千分尺读数值为

$$\begin{aligned}M&=d_2+4.864d_D-1.866P\\&=45+4.864\times3.1-1.866\times6\\&=45+15.08-11.20\\&=48.88\ (\text{mm})\end{aligned}$$

测量时需要考虑公差，则 $M=48.88^{-0.118}_{-0.425}$ mm（即是：$M=48^{+0.768}_{+0.455}$ mm）为合格。

3. 单针测量法

在测量直径和螺距较大的螺纹中径时，用单针测量比用三针测量方便、简单。测量时，将一根量针放入螺旋槽中，另一侧则以螺纹的大径为基准，用千分尺测量出量针顶点与另一侧螺纹大径之间的距离 A（图 3－1－14），由 A 值换算出螺纹中径的实际尺寸。量针的选择与三针测量相同，A 值的计算方法为：在单针测最前，应先量出螺纹大径的实际尺寸 d_0，并根据选用量针的直径 d_D 计算出用三针测量时的 M 值，然后计算 A 值为

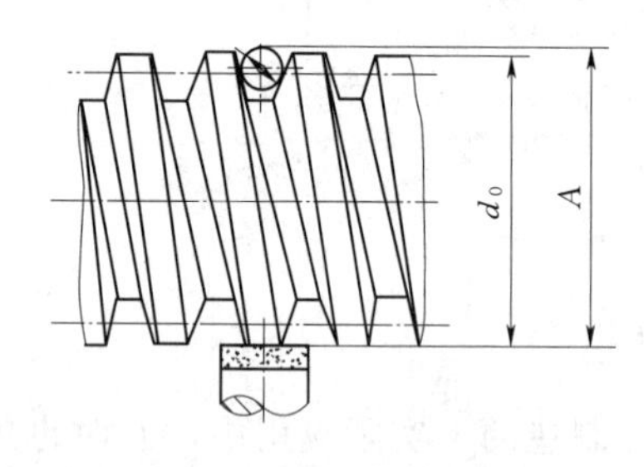

图 3－1－14 单针测量梯形螺纹

$$A=\frac{1}{2}(M+d_0)$$

【例 3－1－3】 如果用单针测量，量得工件实际大径 $d_0=47.99$mm，求千分尺读数 A 值。

解 由［例 3－1－2］可知，选用量针直径 $d_D=3.1$mm。三针测量时，$M=48.88$mm，则

$$A=\frac{1}{2}(M+d_0)=\frac{1}{2}\times(48.88+47.99)=48.295(\text{mm})$$

根据中径允许的极限偏差，千分尺的读数值为 $A=\phi48.435^{-0.059}_{-0.2125}$ mm（即 A 值范围是 $\phi48.2225\sim48.376$mm）。

4. 齿厚游标卡尺测量

用齿厚游标卡尺是测量梯螺纹中径处齿厚的方法。

九、操作要点及安全注意事项

（1）在车削梯形螺纹过程中，不允许用棉纱擦拭工件，以防发生安全事故。

(2) 车螺纹时，为防止因溜板箱手轮转动时的不平衡而使床鞍发生蹿动，可在手轮上安装平衡块，最好采用手轮脱离装置。

(3) 梯形螺纹精车刀两侧刃应刃磨平直，刀刃应保持锋利。

(4) 精车前，最好重新修正中心孔，以保证螺纹的同轴精度。

(5) 车螺纹时应思想集中，严防中滑板手柄多进一圈而撞坏螺纹车刀或使工件因碰撞而报废。

(6) 粗车螺纹时，应将小滑板调紧一些，以防车刀发生移位而产生乱牙。

(7) 车螺纹时，选择较小的切削用量，减少工件的变形，同时应充分加注切削液。

【任务实施】

本任务实施步骤见表 3-1-6。

表 3-1-6 任务实施步骤

步骤	实施内容	完成者	说明
1	审图、确定加工工艺	教师、全体学生	教师引导学生进行审图、确定加工工艺
2	工件装夹	学生	教师指导学生把工件装夹牢固
3	车端面、外圆、倒角、螺纹	学生	学生先根据工程图的图样要求，车端面、外圆、切槽、倒角、三角螺纹
4	安装梯形螺纹车刀	教师、学生	教师讲解梯形螺纹刀的安装要求，组织小组教师演示梯形螺纹刀安装，安排每位学生轮流观看一次，然后指导学生按要求安装梯形螺纹刀
5	选择切削用量	教师、学生	教师演示选择转速 30～125r/min 之间；指导学生选择切削用量
6	车削梯形螺纹方法	教师、学生	教师先讲解车削梯形螺纹的要求、方法、注意事项，演示车削梯形螺纹达到要求；指导学生完成梯形螺纹的车削，达到图样要求
7	综合车削加工完成	全体学生	教师演示完成后，学生自己独立完成

【任务评价】

根据学生完成本任务的情况对他们的实习进行评价，评价表见表 3-1-7。

表 3-1-7 车床小拖板丝杆质量检测评价表

序号	考核项目	考核内容及要求	配分	评分标准	检验结果	得分
1	外圆	$\phi14_{-0.024}^{-0.006}$，$R_a0.8\mu m$	5，4	每超差 0.02 扣 1 分		
2		$\phi10_{+0.002}^{+0.012}$，$R_a1.6\mu m$	5，3	每超差 0.02 扣 1 分		
3		$\phi22$	2	按 IT13 超差扣分		

续表

序号	考核项目	考核内容及要求	配分	评　分　标　准	检验结果	得分
4	三角螺纹	M14×1.5，$R_a3.2\mu m$	5，4	螺纹环规检查，按松紧程度酌情扣分		
5	梯形螺纹	大径 $\phi12_{-0.15}^{\ 0}$，$R_a3.2\mu m$	3，4	超差不得分		
6		中径 $\phi10.5_{-0.336}^{-0.037}$，$R_a1.6\mu m$	8，6	超差不得分		
7		小径 $\phi8.5_{-0.31}^{\ 0}$，$R_a3.2\mu m$	2，2	超差不得分		
8		15°±40′，2处	4	超差不得分		
9		螺距 $P=3\pm0.012$	3	超差不得分		
10	长度	38.5	1	超差不得分		
11		60、20、5、245	4	按IT13超差扣分		
12	切槽	5×ϕ8、2×0.5、3×1	6	按IT13超差扣分		
13	倒角	$C1$ 和 $C2$，各2处	4	m 超差不得分		
14	形位公差	◎ $\phi0.03$ A	5	超差不得分		
15	工具、设备的使用与维护	正确、规范使用工、量、刃具，合理保养及维护工、量、刃具	10	不符合要求酌情扣1～8分		
		正确、规范使用设备，合理保护及维护设备		不符合要求酌情扣1～8分		
		操作姿势、动作正确		不符合要求酌情扣1～8分		
16	安全与其他	安全文明生产，按国家颁布的有关法规或企业自定的有关规定	10	一项不符合要求扣2分，发生较大事故者取消考试资格		
		操作、工艺规范正确		一处不符合要求扣2分		
		工件各表面无缺陷		不符合要求酌情扣1～8分		
总分：						

【扩展视野】

应用：车削偏心螺杆轴（图3-1-15）。

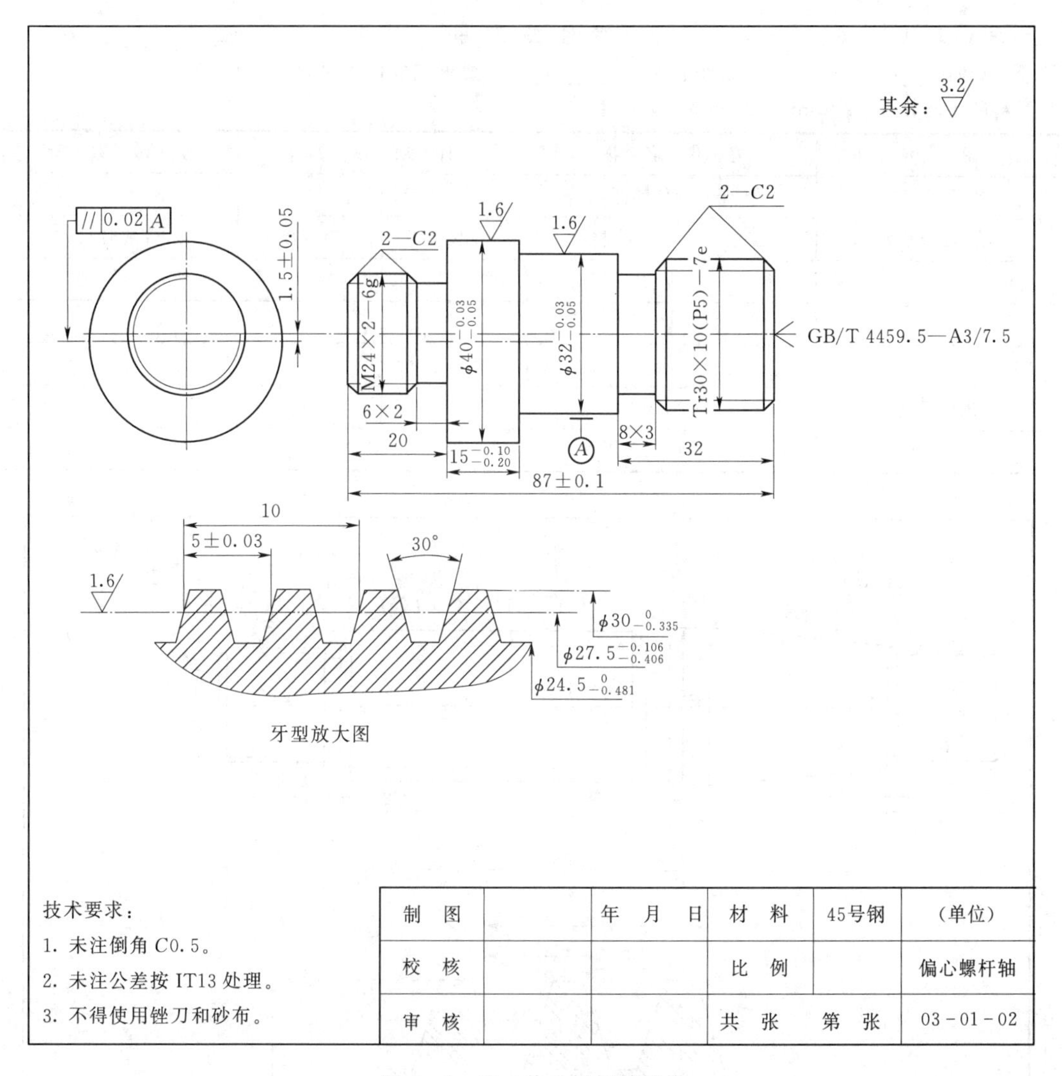

图3-1-15　偏心螺杆轴图样

任务二　车削千斤顶传动杆

【任务描述】

江门某机床设备厂现生产机床设备，需生产一批普通车床的千斤顶传动杆来配套，现订制一批千斤顶传动杆，数量120件，材料、加工要求见生产任务书。

【生产任务书】

零件施工单见表3-2-1，千斤顶传动杆图样如图3-2-1所示。

表 3-2-1　　　　　　　　　　　**零 件 施 工 单**

投放日期：________________班组：________________要求完成任务时间：__天

材料尺寸及数量：ϕ40mm×200mm，120 件

<table>
<tr><td>图　　号</td><td colspan="2">零　件　名　称</td><td colspan="2">计　划　数　量</td><td>完　成　数　量</td></tr>
<tr><td>03-02-01</td><td colspan="2">千斤顶传动杆</td><td colspan="2">120 件</td><td></td></tr>
<tr><td>加工成员姓名</td><td>工序</td><td>合格数</td><td>工废数</td><td>料废数</td><td>完成时间</td></tr>
<tr><td></td><td></td><td></td><td></td><td></td><td></td></tr>
<tr><td></td><td></td><td></td><td></td><td></td><td></td></tr>
<tr><td></td><td></td><td></td><td></td><td></td><td></td></tr>
<tr><td>班组质检</td><td colspan="3"></td><td>抽检</td><td></td></tr>
<tr><td>总质检</td><td colspan="5"></td></tr>
</table>

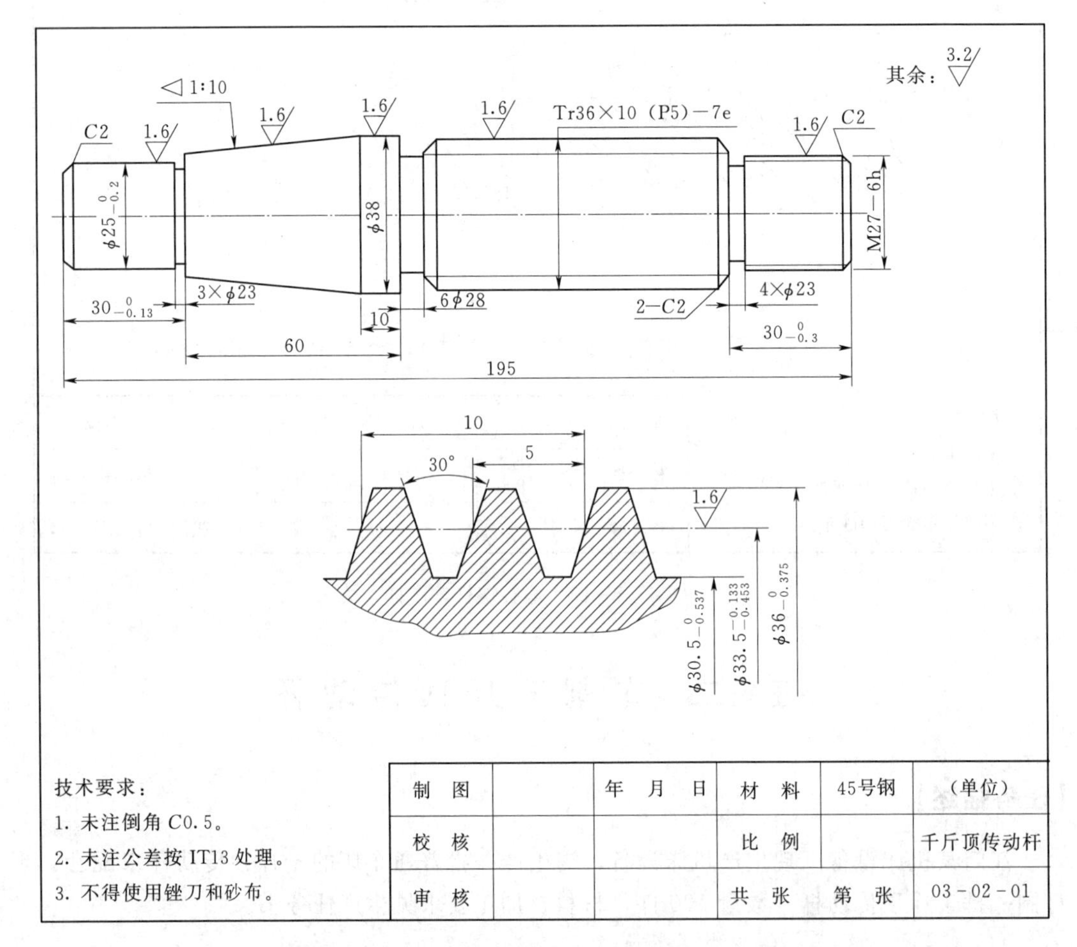

图 3-2-1　千斤顶传动杆图样

【任务分析】

本任务是使用毛坯料为 ϕ40mm×200mm 的钢料，在以往车削外圆、切槽、外螺纹的课

题基础上，车削千斤顶传动杆（图3－2－1），其中包括多线螺纹的基本知识、操作设备及工具准备、双线梯形螺纹刀的要求、双线梯形螺纹车削工艺安排等作为准备，见表3－2－2。

表3－2－2　　完成车削千斤顶传动杆必须进行的准备内容

序　号	内　容
1	多线螺纹的基本知识
2	操作设备及工具准备
3	双线梯形螺纹刀的要求
4	双线梯形螺纹车削工艺安排
5	双线梯形螺纹的测量
6	操作要点及安全注意事项

【实施目标】

通过千斤顶传动杆产品加工，了解企业生产的管理流程；锻炼学生表达与沟通能力；能正确选择和运用刀具；能合理安排车削双线梯形螺纹的加工工艺；能合理安排工作岗位，安全操作机床加工产品。

（1）质量目标：能按千斤顶传动杆车削要求安排车削步骤，并按照普通车床操作的安全规程、车间安全防护规定，操作车床加工出产品。

（2）安全目标：严格按照普通车床车间安全操作规程进行任务作业。

（3）文明目标：自觉按照普通车床车间文明生产规则进行任务作业。

【实施建议】

（1）将学生按人数平均分组，明确任务组长。

（2）分别以车间主任、班组长、一线员工等角色领取任务，责任到人。

（3）适时组织小组讨论分工、信息学习、加工工步、评价学习等教学活动。

【任务信息学习】

一、多线螺纹的基本知识

螺纹有单线（单头）和多线（多头）之分。

单线螺纹：沿一条螺旋线所形成的螺纹称为单线螺纹。

多线螺纹：沿两条或两条以上，在轴向等距分布的螺旋线所形成的螺纹称为多线螺纹。

多线螺纹的导程（L）是指在同一螺旋线上相邻两牙在中径线上对应两点之间的轴向距离，即

$$导程=线数\times螺距$$

或

$$L=nP$$

多线螺纹在螺纹代号中的表示方法：如M48×3/2，导程与线数用斜线分开，左边表

示导程，右边表示线数。

梯形螺纹用 Tr 及公称直径×导程（螺距）表示，如 Tr36×10（P5），不标注线数。

多线螺纹的导程大于螺距，在计算螺纹升角时必须按导程计算，即

$$\tan\psi=\frac{P_h}{\pi d_2}=\frac{nP}{\pi d_2}$$

式中　ψ——螺纹升角；

n——线数；

P——螺距；

d_2——中径。

多线螺纹各部分尺寸的计算方法与单线相同。

1. 多线螺纹的技术条件

(1) 多线螺纹的螺距必须相等。

(2) 多线螺纹每条螺纹的牙型角、中径处螺距必须相等。

(3) 车削多线螺纹时，主要解决螺纹分线方法和车削步骤的协调问题。

(4) 多线螺纹的螺距必须相等。

(5) 多线螺纹的小径必须相等。

(6) 多线螺纹的牙型角必须相等。

车削多线螺纹的主要问题是解决好多线螺纹的分线问题。如果分线（分头）不准确，会使车削出的多线螺纹的螺距不相等，严重影响配合精度，降低使用寿命。

根据多线螺纹的技术条件，车削多线螺纹主要用轴向分线。

2. 轴向分线法

轴向分线法是按螺纹的导程车好一条螺旋槽后，把车刀沿螺纹轴线方向移动一个螺距，再车第二条螺旋槽。用这种方法只要精确控制车刀沿轴向移动的距离，就可达到分线的目的。具体控制方法有：

(1) 用小滑板刻度分线。先把小滑板导轨找正到与车床主轴轴线平行。在车好一条螺旋槽后，把小滑板向前或向后移动一个螺距，再车另一条螺旋槽。小滑板移动的距离可利用小滑板刻度控制。

(2) 用开合螺母分线。当多线螺纹的导程为车床丝杠螺距的整数倍且其倍数又等于线数时，可以在车好第一条螺旋槽后，用开倒、顺车的方法将车刀返回到开始车削的位置，提起开合螺母，再用床鞍刻度盘控制车床床鞍纵向前进或后退个车床丝杠螺距，在此位置将开合螺母合上，车另一条螺旋槽。

(3) 用百分表和量块分线法。对等距精度要求较高的螺纹分线时，可利用百分表和量块控制小滑板的移动距离。其方法是：把百分表固定在方刀架上，并在床鞍上紧固一挡块，在车第一条螺旋槽以前，调整小滑板，使百分表触头与挡块接触，并把百分表调整至“0”位；当车好第一条螺旋槽后，移动小滑板，使百分表指示的读数等于被车螺距；对螺距较大的多线螺纹进行分线时，因受百分表量程的限制，可在百分表与挡块之间垫入一块（或一组）量块，其厚度最好等于工件螺距。用这种方法分线的精度较高，但由于车削时的振动会使百分表走动，在使用时应经常校正“0”位。

二、操作设备、工具准备

本任务需要准备的操作设备、工具见表3-2-3。

表3-2-3　　操作设备、工具

序号	设备、工具名称	单位	数量	用途
1	C6132A车床	台	24	主要加工设备
2	外三角螺纹刀	把	24	车削三角外螺纹
3	梯形螺纹刀	把	24	车削双线梯形螺纹
4	切槽刀	把	24	切槽
5	垫片	块	数块	用以垫车三角螺纹刀或车刀
6	外圆车刀	把	48	车削外圆、端面、倒角
7	游标卡尺	把	24	测量外径、长度
8	千分尺	把	24	测量外径
9	量针	支	24	测量梯形螺纹中径
10	三角螺纹环规	个	24	测量外三角螺纹
11	万能角度尺	把	24	测量锥度
12	工程图	张	24	主要图样
13	ϕ40mm×200mm的钢料	件	25	主要加工材料

三、双线梯形螺纹刀的要求

(1) 多线螺纹车刀基本与单线螺纹刀形状相同，主要区别是车削方向的后角受螺旋升角的影响，车刀后角应比单线螺纹的后角大一些。

(2) 根据刀具角度要求两侧的后角应通过计算得出两侧后角的角度再刃磨刀具，避免因角度刃磨不正确使刀具的角度不合理影响工件的车削。

(3) 车削方向的后角太小会影响刀具锋利，而另一侧后角太大那会影响刀具刚性，根据本梯形螺纹粗车刀的后角宜取 $(3°\sim5°)+\psi$，另一则后角宜取 $(3°\sim5°)-\psi$，如图3-2-2所示。精车角度可以略大些（图3-2-3），这样刀具才能发挥正常的切削性能。

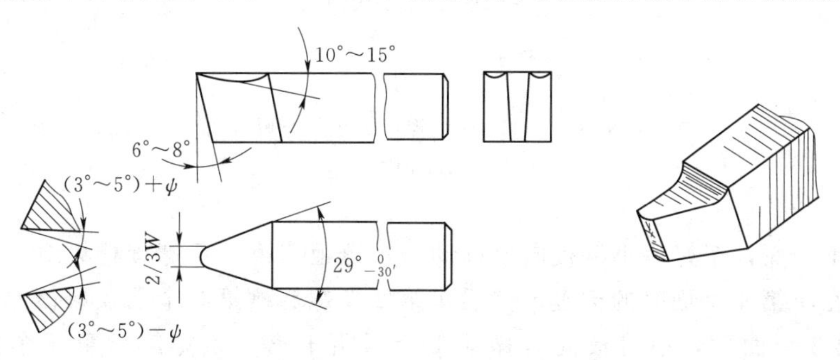

图3-2-2　梯牙螺纹粗车刀

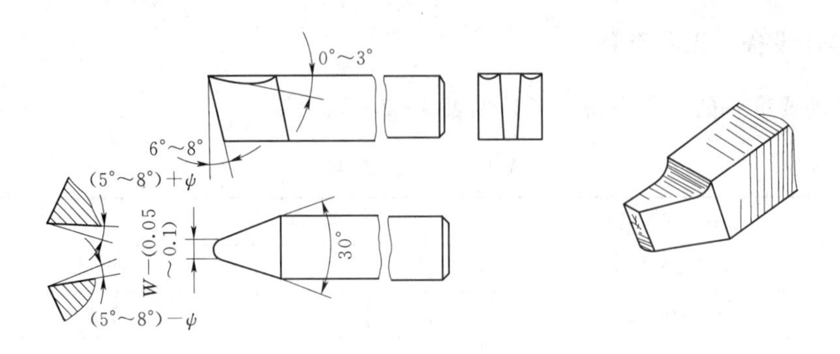

图 3-2-3　高速钢梯形螺纹精车刀

四、双线梯形螺纹车削工艺安排

双线梯形螺纹车削采用直进法或左右切削法。车削多线螺纹时，决不可将 1 条螺旋槽车好后，再车另 1 条螺旋槽。加工时应按下列步骤进行（以小滑板刻度分线法为例）：

(1) 车好外圆及倒角后，按工件导程调整挂轮及走刀箱有关手柄位置。

(2) 分线：用一把比螺旋槽顶宽稍窄一些的分线刀（切断刀形式）分线，吃刀深度 0.05～0.1mm 即可；车好第 1 条后，利用小滑板刻度向前移动 1 个螺距，车第 2 条螺旋槽。如车削 $L=10$、$P=5$ 的外双线梯形螺纹时，其分线操作时，分线刀刀头宽度 $a=5-1.83=3.17$ (mm)，其中，螺距为 5mm，齿顶宽为 1.83mm，槽顶宽为 3.17mm。

1. 粗车

粗车完一条槽后再粗车另一条槽，(每边留 0.15～0.2 精车余量)。

2. 精车

用精车刀精车各面至图纸要求，精车顺序如图 3-2-4 所示。

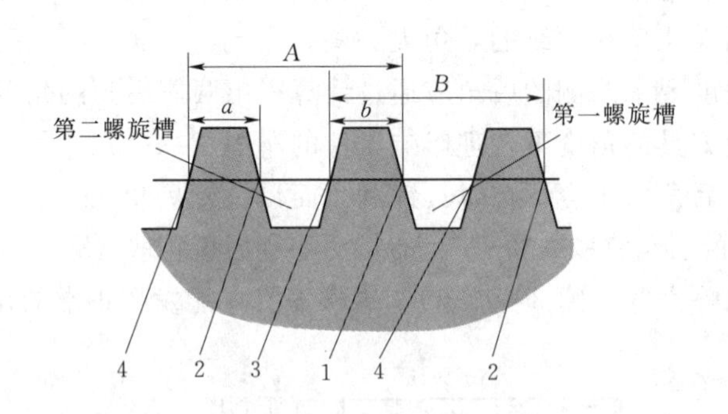

图 3-2-4　双线梯形螺纹精车顺序

1～4—车削面

精车第 1 个面，车好后小滑板向前移动 1 个螺距车第 1 条螺旋槽第 2 个面，注意中滑板刻度要在车第 1 个面时的刻度。然后车第 2 条螺旋槽第 3 个面兼取齿厚（取中径公差），车好第 3 个面后，小滑板向后移动 1 个螺距车第 2 条螺旋槽第 4 个面兼取齿厚（取中径公差）。

五、双线梯形螺纹的测量

双线梯形螺纹的测量中径的方法与单线梯形螺纹测量方法基本一样，测量中径的同时还要测量双线梯形螺纹的分线是否正确，具体要使用齿厚游标卡尺（图3-2-5）。

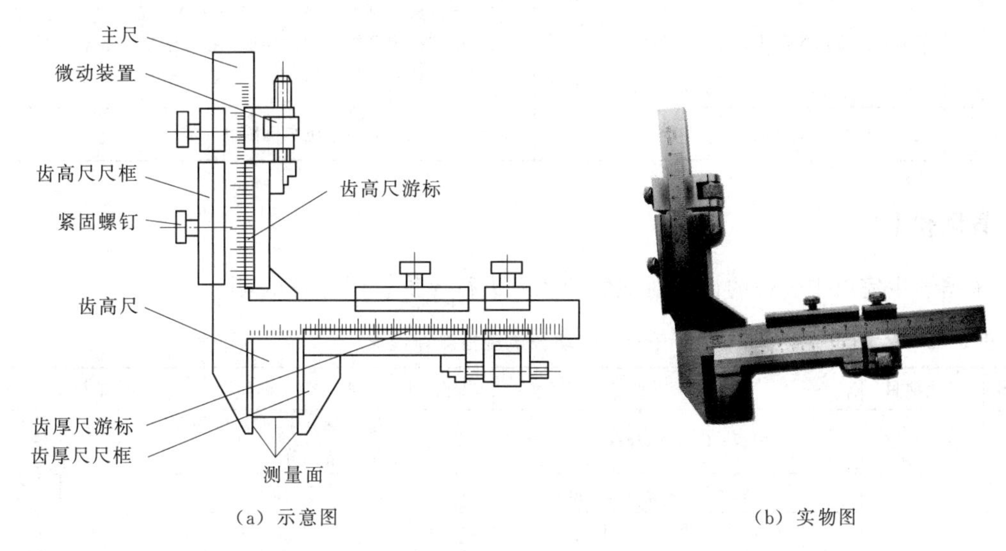

（a）示意图　　（b）实物图

图3-2-5　齿厚游标卡尺

六、操作要点及安全注意事项

（1）车削精度要求较高的多线螺纹时，应先将各条螺旋槽逐个粗车完毕，再逐个精车。

（2）在车各条螺旋槽时，螺纹车刀切入深度应该相等。

（3）用左右切削法车削时，螺纹车刀的左、右移动量应相等。当用圆周分线法分线时，还应注意车每条螺旋槽时小滑板刻度盘的起始格数要相等。

（4）车削导程较大的多线螺纹时，螺纹车刀纵向进给速度较快，进刀和退刀时要防止车刀与工件、卡盘、尾座相碰。

【任务实施】

本任务实施步骤见表3-2-4。

表3-2-4　　任务实施步骤

步骤	实施内容	完成者	说明
1	审图、确定加工工艺	教师、全体学生	教师引导学生进行审图、确定加工工艺
2	工件装夹	学生	教师指导学生把工件装夹牢固
3	车端面、外圆、切槽、倒角、螺纹	学生	学生先根据工程图的图样要求，把端面、外圆、切槽、倒角、螺纹车好

续表

步骤	实施内容	完成者	说明
4	选择切削用量	教师、学生	教师演示选择转速30～60r/min之间，指导学生选择切削用量
5	车削双线梯形螺纹方法	教师、学生	教师先讲解车削双线梯形螺纹的要求、方法、注意事项，演示车削双线梯形螺纹达到要求；指导学生完成双线梯形螺纹的车削，达到图样要求
6	综合车削加工完成	全体学生	教师演示完成后，学生自己独立完成

【任务评价】

根据学生完成本任务的情况对他们的实习进行评价，评价表见表3-2-5。

表3-2-5　　千斤顶传动杆质量检测评价表

序号	考核项目	考核内容及要求	配分	评分标准	检验结果	得分
1	三角螺纹	M27-6h，$R_a3.2\mu m$	10，2	螺纹塞规检查，按松紧情况酌情扣分		
2	梯形螺纹	大径$\phi360_{-0.375}^{0}$，$R_a1.6\mu m$	3，1	超差0.02扣3分		
3		中径$\phi33.5_{-0.453}^{-0.133}$，$R_a1.6\mu m$	12，4	超差0.02扣3分		
4		小径$\phi30.5_{-0.537}^{0}$，$R_a3.2\mu m$	3，1	超差0.02扣3分		
5		牙型角30°	2	超差不得分		
6		导程$L=10$	2	超差不得分		
7		螺距$P=5$	1	超差0.01扣3分		
8	圆锥	△1∶10，$R_a1.6\mu m$	5，2	超差不得分		
9	外圆	$\phi25_{-0.2}^{0}$，$R_a1.6\mu m$	5，1	超差0.01扣3分		
10		$\phi38$，$R_a1.6\mu m$	2，1	按IT13超差扣分		
11	切槽	3×$\phi23$	1	按IT13超差扣分		
12		4×$\phi23$	1	按IT13超差扣分		
13		6×$\phi28$	1	按IT13超差扣分		
14	长度	$30_{-0.15}^{0}$	3	超差不得分		
15		$30_{-0.3}^{0}$	3	按IT13超差扣分		
16		10	2	按IT13超差扣分		
17		60	2	超差不得分		
18		195	2	按IT13超差扣分		
19	倒角	$C2$，4处	4	m超差不得分		
20		$C0.5$，2处	2	m超差不得分		
21	粗糙度	$R_a3.2\mu m$，6处	3	超差不得分		
22	工具、设备的使用与维护	正确、规范使用工、量、刃具，合理保养及维护工、量、刃具	10	不符合要求酌情扣1～8分		
		正确、规范使用设备，合理保护及维护设备		不符合要求扣1～8分		
		操作姿势、动作正确		不符合要求扣1～8分		

续表

序号	考核项目	考核内容及要求	配分	评　分　标　准	检验结果	得分
23	安全与其他	安全文明生产，按国家颁布的有关法规或企业自定的有关规定	10	一项不符合要求扣2分，发生较大事故者取消考试资格		
		操作、工艺规范正确		一处不符合扣2分		
		工件各表面无缺陷		不符合要求扣1～8分		
总分：						

【扩展视野】

应用：车削带有双线梯形螺纹的产品（图3-2-6）。

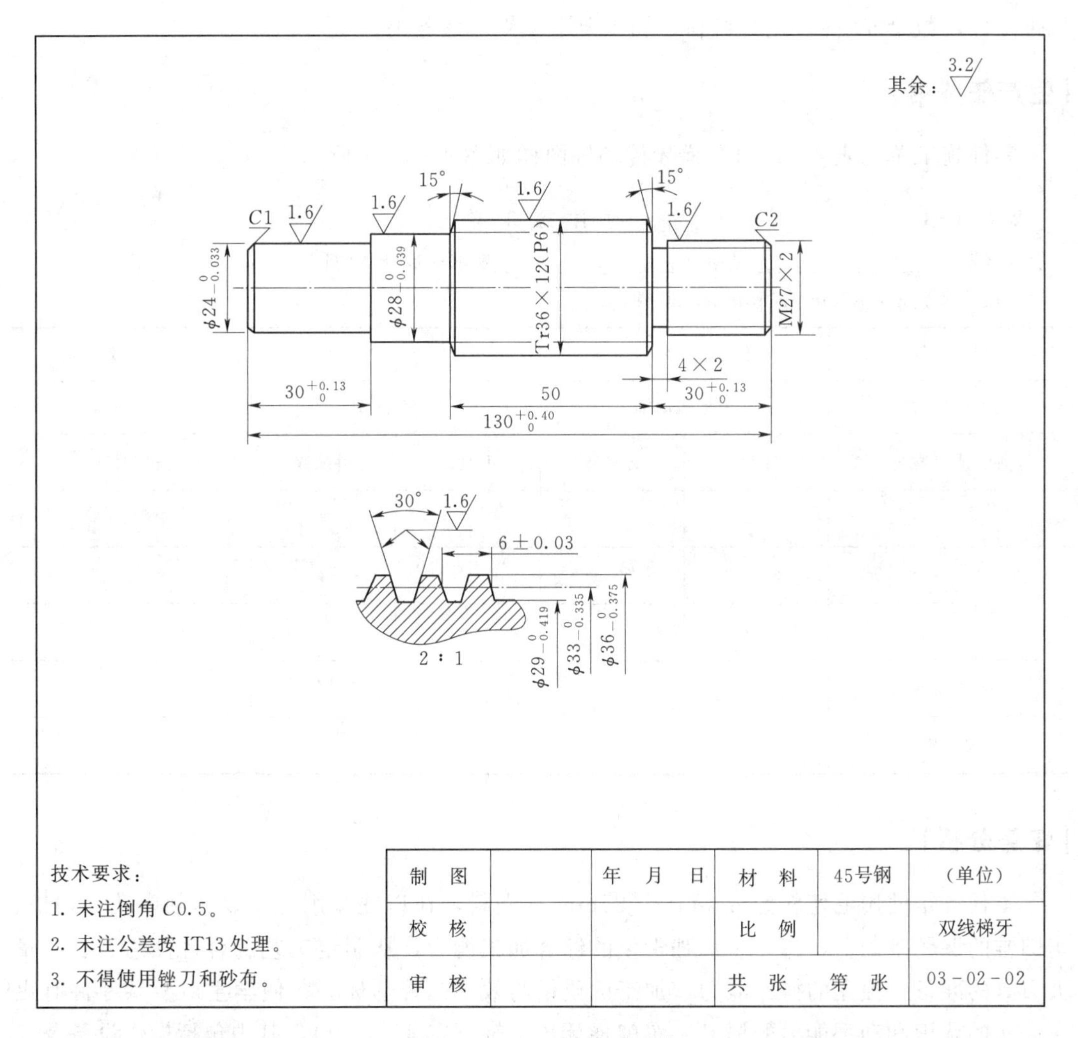

图3-2-6　双线梯牙图样

项目四　车削中等复杂形体产品

任务一　车削梯牙传动轴

【任务描述】

某玩具厂一流水线设备需更新改做，现急需加工其中一批梯牙传动轴零件，现订制这批带工件，数量 50 件，配套材料、加工要求见生产任务书。

【生产任务书】

零件施工单见表 4－1－4，梯牙传动轴图样如图 4－1－1 所示。

表 4－1－1　　　　**零件施工单**

投放日期：＿＿＿＿＿＿＿＿班组：＿＿＿＿＿＿＿＿要求完成任务时间：＿天

材料尺寸及数量：ϕ50mm×85mm，50 件

图号	零件名称		计划数量		完成数量
04－01－01	梯牙传动轴		50 件		
加工成员姓名	工序	合格数	工废数	料废数	完成时间
班组质检				抽检	
总质检					

【任务分析】

本任务是使用毛坯料为 ϕ50mm×85mm 的钢料，在以往车削外圆、车削内孔、切槽、车圆锥的课题基础上，进一步加强学生的综合加工能力，从制定工艺的合理性与否、工量夹刃具的准备、独立的操作能力、加工的质量与效率是否达标等，使学生对复杂零件有更深层次的认识和动手能力的提升，车削梯牙传动轴（图 4－1－1），其中包括操作设备及工具准备、刀具正确选择与使用、车削工艺的制订步骤、操作要点及安全注意事项等作为准备，见表 4－1－2。

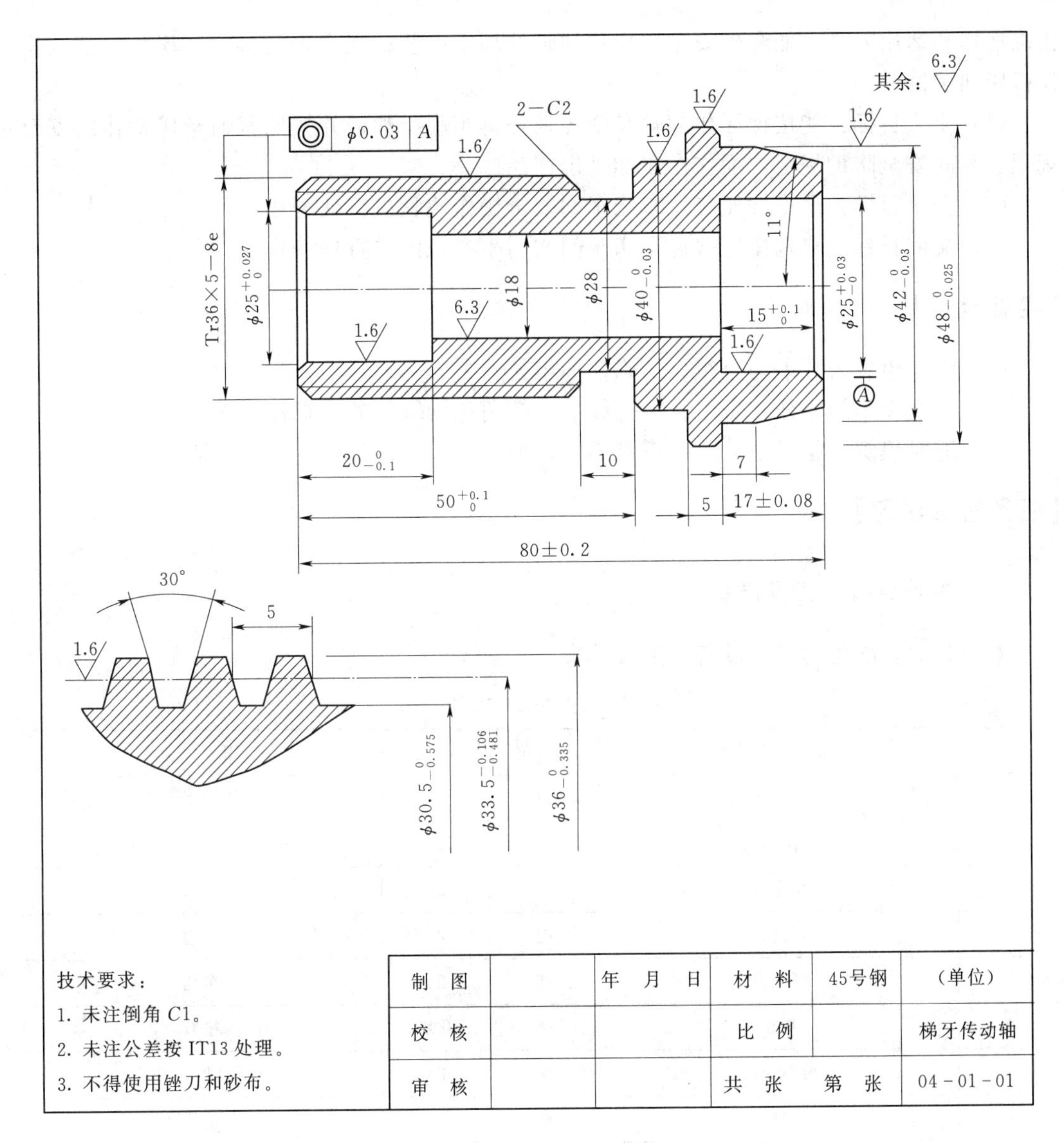

图4-1-1　梯牙传动轴图样

表4-1-2　为完成梯牙传动轴必须进行的准备内容

序　号	内　容
1	操作设备及工具准备
2	刀具正确选择与使用
3	车削工艺的制订步骤
4	操作要点及安全注意事项

【实施目标】

通过梯牙传动轴产品加工，了解企业生产的管理流程；锻炼学生表达与沟通能力；能正确选择和运用刀具；能合理安排梯牙传动轴的加工工艺；能合理安排工作岗位，安全操作机床加工产品。

（1）质量目标：能按梯牙传动轴车削要求安排车削步骤，并按照普通车床操作的安全规程、车间安全防护规定，操作车床加工出产品。

（2）安全目标：严格按照普通车床车间安全操作规程进行任务作业。

（3）文明目标：自觉按照普通车床车间文明生产规则进行任务作业。

【实施建议】

（1）将学生按人数平均分组，明确任务组长。

（2）分别以车间主任、班组长、一线员工等角色领取任务，责任到人。

（3）适时组织小组讨论分工、信息学习、加工工步、评价学习等教学活动。

【任务信息学习】

一、操作设备、工具准备

本任务需要准备的操作设备、工具见表 4-1-3。

表 4-1-3　　操作设备、工具

序　号	设备、工具名称	单　位	数　量	用　　途
1	C6132A 车床	台	24	主要加工设备
2	外圆车刀	把	24	车外圆、端面、倒角
3	梯牙刀	把	24	车梯形螺纹
4	切槽刀	把	24	切槽
5	镗孔刀	把	24	车孔
6	垫片	把	数块	垫刀
7	游标卡尺	块	24	测量外圆、长度
8	千分尺	把	24	测量外圆
9	ϕ2.6 量针	支	24	测量中径
10	齿厚卡尺	把	24	测量梯牙齿厚
11	万能角度尺	把	24	测量梯牙牙型角
12	工程图	支	24	主要图样
13	ϕ50mm×85mm 的钢料	件	49	用于完成任务

二、刀具的正确选择与使用

在之前的课题中已学习了外圆刀、镗孔刀、切槽刀、梯牙刀的刃磨方法，但学生在刃磨过程中对相关的角度、刀面的粗糙度、刀具的卷屑槽等的刃磨还有所欠缺，通过复杂零件的加工，在合理选择刀具的前提下，进一步加深刀具的刃磨技术。对于车削梯牙传动轴，关键要选择好外圆刀、镗孔刀、梯牙刀的精车刀，既要保证好尺寸精度，又要保证粗糙度。

三、车削工艺的制订步骤

1. 确定梯牙的测量手段

因为图纸是 Tr36×5 梯形螺纹，所以量针直径、三针测量值 M、单针测量值分别为

量针直径　　$d_D=0.518P=0.518\times5=2.59\approx2.6$（mm）

三针测量值

$$
\begin{aligned}
M &= d_2+4.864d_D-1.866P \\
&= 33.5+4.864\times2.6-1.866\times5 \\
&= 33.5+12.65-9.33 \\
&= 36.82 \text{ (mm)}
\end{aligned}
$$

当工件实际大径 $d_0=36$mm 时，单针测量值为

$$A=\frac{1}{2}(M+d_0)=\frac{1}{2}(36.82+36)=36.41 \text{ (mm)}$$

根据中径允许的极限偏差 $d_2=33.5^{-0.106}_{-0.481}$mm，千分尺的读数值为 $A=\phi36.41^{-0.053}_{-0.2405}$ mm（即 A 值范围为 $\phi36.36\sim36.17$mm）。

2. 工艺安排

梯牙传动轴加工步骤见表 4-1-4。

表 4-1-4　　梯牙传动轴加工步骤

加工步骤	图　示	加　工　内　容
1	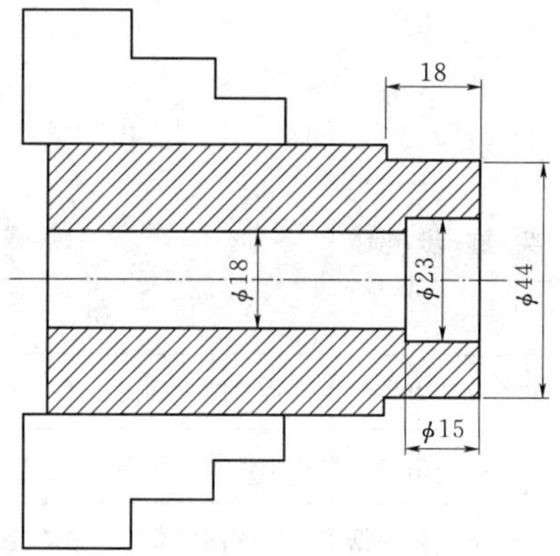	工件伸出卡爪约 30mm 长，校正夹紧，钻孔 $\phi18$mm 尽长，扩孔 $\phi23$mm×15mm，车平端面，粗车外圆至 $\phi44$mm×18mm
2	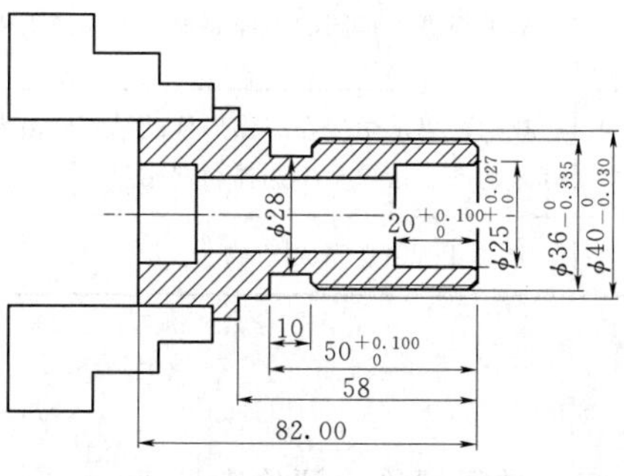	调头装夹，校正夹紧，车端面，粗取总长 82mm，扩孔 $\phi23$mm×20mm，粗车各级外圆分别为 $\phi40.5$mm×57.9mm、$\phi36.5$mm×49.9mm，精车外圆分别为 $\phi40^{0}_{-0.03}$ mm×(58) mm、$\phi36^{0}_{-0.335}$ mm×$50^{0}_{-0.1}$ mm 外圆；切槽 $\phi28$mm×10mm，粗精车 Tr36×5 外梯螺纹至图纸要求，粗精车内孔 $\phi25^{+0.027}_{0}$ mm×$20^{0}_{-0.1}$mm，倒角去毛刺

续表

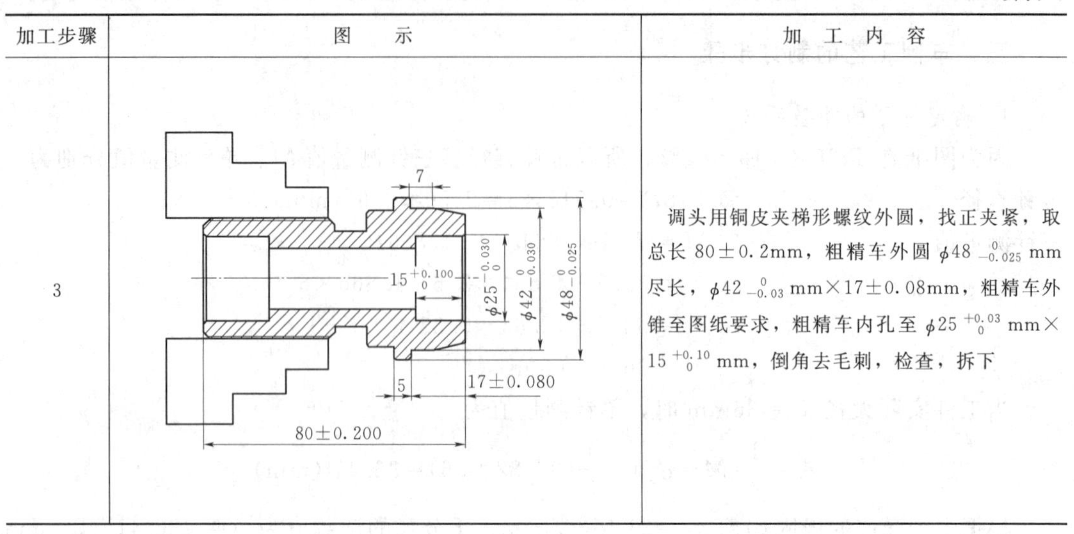

加工步骤	图　　示	加　工　内　容
3		调头用铜皮夹梯形螺纹外圆，找正夹紧，取总长 80±0.2mm，粗精车外圆 $\phi48^{\ 0}_{-0.025}$ mm 尽长，$\phi42^{\ 0}_{-0.03}$ mm×17±0.08mm，粗精车外锥至图纸要求，粗精车内孔至 $\phi25^{+0.03}_{\ 0}$ mm×$15^{+0.10}_{\ 0}$ mm，倒角去毛刺，检查，拆下

四、操作要点及安全注意事项

（1）在车削梯形螺纹过程中，不允许用棉纱擦拭工件，以防发生安全事故。

（2）两顶尖装夹时，要注意顶尖与前后顶尖的接触位置是否合理。

（3）车削前要检查好各种量具的精度是否精确，若有偏差要及时更换或修理。

（4）加工过程中要合理选择好切削用量。

【任务实施】

本任务实施步骤见表 4-1-5。

表 4-1-5　　任务实施步骤

步骤	实　施　内　容	完　成　者	说　　明
1	审图、确定加工工艺	教师、全体学生	教师引导学生进行审图、确定加工工艺
2	工件装夹	学生	教师指导学生把工件装夹牢固
3	粗车工件各级外圆和内孔	学生	学生先根据工程图的图样要求，粗车毛坯
4	安装梯牙刀、粗车梯牙，精车内孔	学生	学生根据工程图的图样要求独立完成工件的粗精工序
5	合理选择切削用量	学生	教师可提示学生在车梯形传动轴不同内容时的切削用量是有区别的，指导学生选择切削用量
6	综合车削加工完成	全体学生	学生自己独立完成

【任务评价】

根据学生完成本任务的情况对他们的实习进行评价，评价表见表 4-1-6。

表 4-1-6　　　　梯牙传动轴质量检测评价表

序号	考核项目	考核内容及要求	配分	评分标准	检验结果	得分
1	外圆	$\phi48_{-0.025}^{0}$，$R_a1.6\mu m$	5，2	每超差 0.01 扣 1 分		
2		$\phi42_{-0.03}^{0}$，$R_a1.6\mu m$	5，2	每超差 0.02 扣 1 分		
3		$\phi40_{-0.03}^{0}$，$R_a3.2\mu m$	5，2	每超差 0.01 扣 1 分		
4	内孔	$\phi25_{0}^{+0.03}$，$R_a1.6\mu m$	5，2	每超差 0.01 扣 1 分		
5		$\phi25_{0}^{+0.027}$，$R_a1.6\mu m$	5，2	每超差 0.01 扣 1 分		
6		$\phi18$	1	按 IT13，超差不得分		
7	外锥	圆锥半角 $\alpha/2=11°$	6	按 IT13，超差不得分		
8	长度	80 ± 0.2	2	超差不得分		
9		17 ± 0.08	2	超差不得分		
10		$50_{0}^{+0.1}$	2	超差不得分		
11		$15_{0}^{+0.1}$	2	超差不得分		
12		$20_{-0.1}^{0}$	2	超差不得分		
13		5，7	1，1	超差不得分		
14	梯形螺纹	大径 $\phi36_{-0.335}^{0}$，$R_a1.6\mu m$	2，1	每超差 0.01 扣 1 分		
15		中径 $\phi33.5_{-0.481}^{-0.106}$，$R_a1.6\mu m$	7，4	超差不得分		
16		小径 $\phi30.5_{-0.575}^{0}$，$R_a3.2\mu m$	2，1	超差不得分		
17		牙型角 30°	1	每超差 5′扣 1 分		
18		螺距 $P=5$	1	超差不得分		
19		◎ $\phi0.03$ A	3	每超差 0.01 扣 1 分		
20	外沟槽	$\phi28\times10$	2	超差不得分		
21	倒角	C1（6 个），C2（2 个）	2	m 超差不得分		
22	工具、设备的使用与维护	正确、规范使用工、量、刃具，合理保养及维护工、量、刃具	10	不符合要求酌情扣 1～8 分		
		正确、规范使用设备，合理保护及维护设备		不符合要求酌情扣 1～8 分		
		操作姿势、动作正确		不符合要求酌情扣 1～8 分		

续表

序号	考核项目	考核内容及要求	配分	评 分 标 准	检验结果	得分
23	安全与其他	安全文明生产，按国家颁布的有关法规或企业自定的有关规定	10	一项不符合要求扣 2 分，发生较大事故者取消考试资格		
		操作、工艺规范正确		一处不符合要求扣 2 分		
		工件各表面无缺陷		不符合要求酌情扣 1～8 分		
总分：						

【扩展视野】

应用一：车削双偏心丝杆（图 4－1－2）。

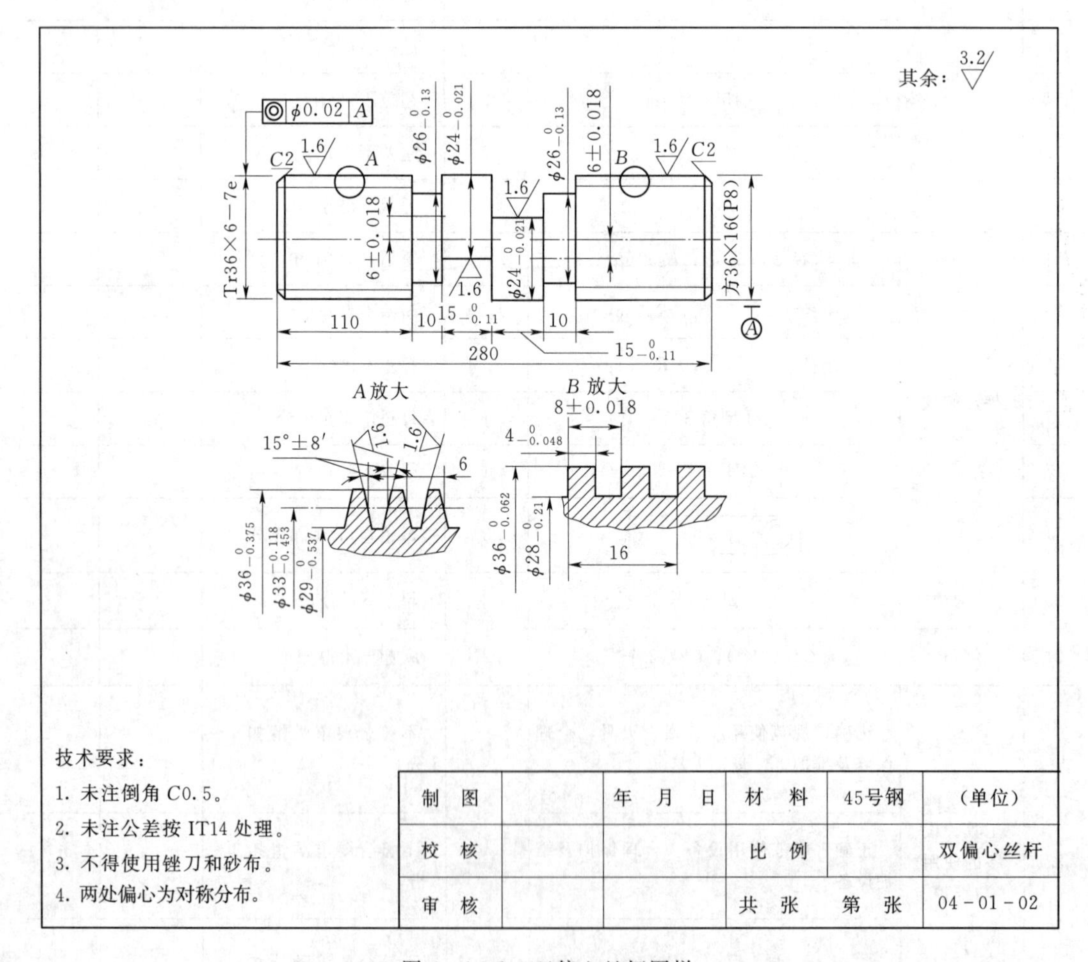

图 4－1－2　双偏心丝杆图样

应用二：车削加工接头（图 4－1－3）。

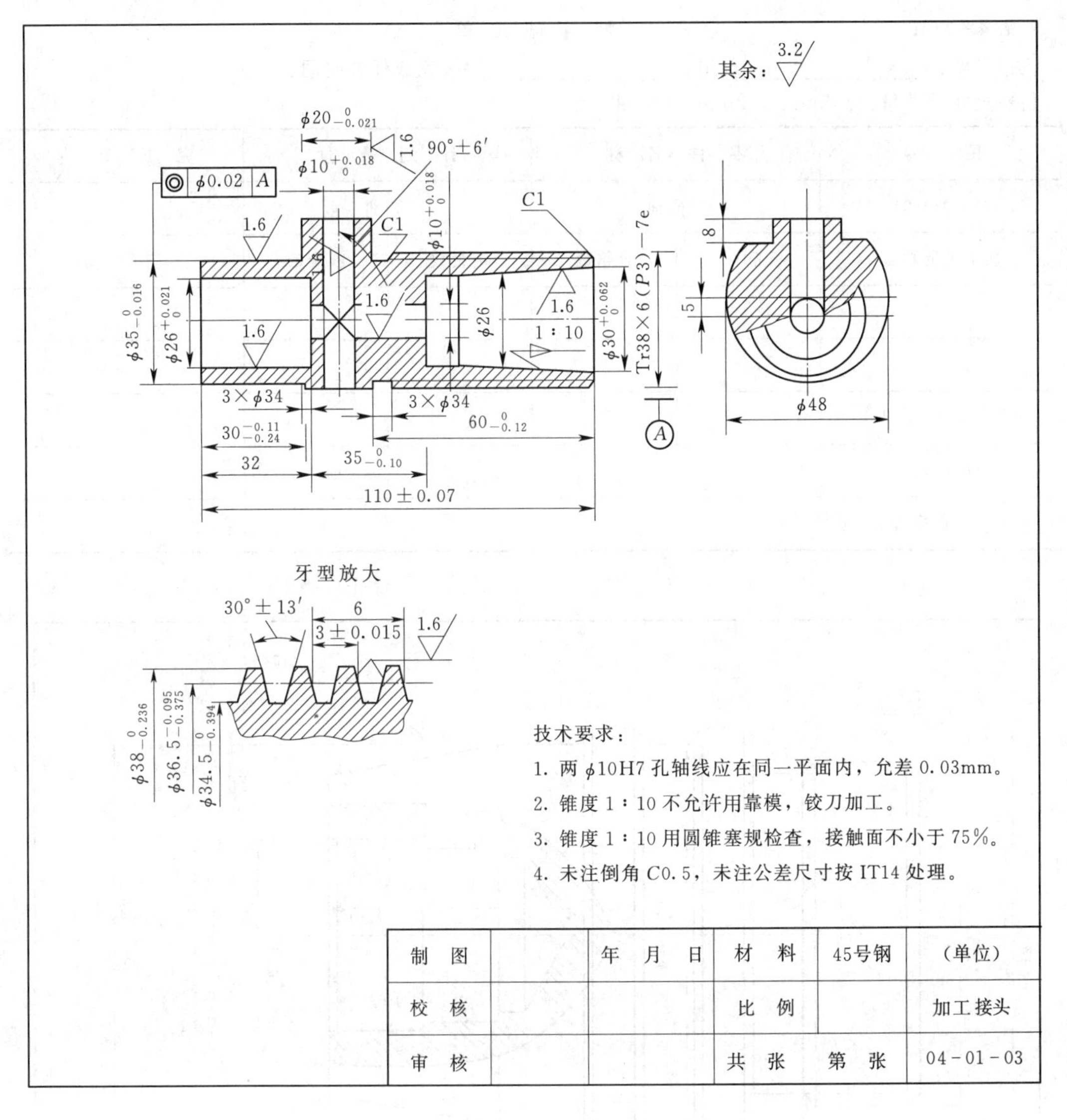

图 4-1-3　加工接头图样

任务二　车削锥面轴

【任务描述】

江门某机床设备厂现生产机床设备，需生产一批普通车床的锥面轴来配套，现订制一批锥面轴，数量 120 件，材料、加工要求见生产任务书。

【生产任务书】

零件施工单见表 4-2-1，锥面轴图样如图 4-2-1 所示。

表 4-2-1　　**零 件 施 工 单**

投放日期：________________班组：________________要求完成任务时间：__天

材料尺寸及数量：ϕ45mm×72mm，120 件

图号	零件名称		计划数量		完成数量
04-02-01	锥面轴		120 件		
加工成员姓名	工序	合格数	工废数	料废数	完成时间
班组质检				抽检	
总质检					

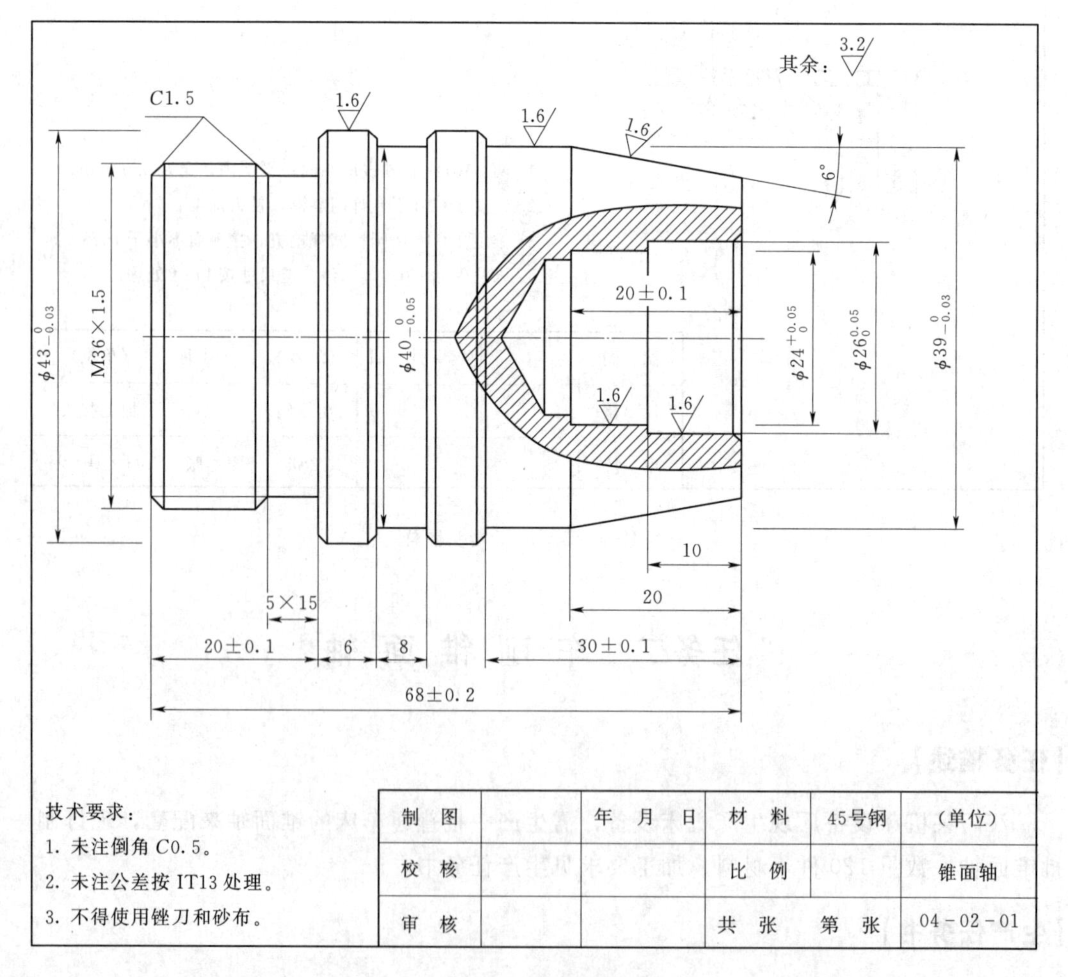

图 4-2-1　锥面轴图样

【任务分析】

本任务是使用毛坯料为 ϕ45mm×72mm 的钢料，在以往车削外圆、切槽的课题基础上，车削锥面轴（图 4－2－1），其中包括车削轴类工件的基本知识、操作设备及工具准备、锥面轴车削工艺安排等，作为准备内容，见表 4－2－2。

表 4－2－2　　完成车削锥面轴必须进行的准备内容

序　号	内　容
1	车削轴类工件的基本知识
2	操作设备及工具准备
3	锥面轴车削工艺安排
4	操作要点及安全注意事项

【实施目标】

通过锥面轴产品加工，了解企业生产的管理流程；锻炼学生表达与沟通能力；能正确选择和运用刀具；能合理安排车削锥面轴加工工艺；能合理安排工作岗位，安全操作机床加工产品。

(1) 质量目标：能按要求车削锥面轴安排车削步骤，并按照普通车床操作的安全规程、车间安全防护规定，操作车床加工出产品。

(2) 安全目标：严格按照普通车床车间安全操作规程进行任务作业。

(3) 文明目标：自觉按照普通车床车间文明生产规则进行任务作业。

【实施建议】

(1) 将学生按人数平均分组，明确任务组长。

(2) 分别以车间主任、班组长、一线员工等角色领取任务，责任到人。

(3) 适时组织小组讨论分工、信息学习、加工工步、评价学习等教学活动。

【任务信息学习】

一、轴类工件车削基本知识

车削轴类工件，如果毛坯余量大且不均匀，或精度要求较高，应将粗车和精车分开进行。另外，根据工件的形状特点、技术要求、数量多少和装夹方法，应对轴类工件进行车削工艺分析，一般考虑以下几个方面：

(1) 用两顶尖装夹车削轴类工件，至少要装夹三次，即粗车第一端，调头再粗车和精车另一端，最后精车第一端。

(2) 车短小的工件，一般先车某一端面，这样便于确定长度方向的尺寸。车铸锻件时，最好先适当倒角后再车削，这样刀尖就不易碰到型砂和硬皮，可避免车刀损坏。

(3) 轴类工件的定位基准通常选用中心孔。加工中心孔时，应先车端面后钻中心孔，以保证中心孔的加工精度。

(4) 车削台阶轴，应先车削直径较大的一端，以避免过早地降低工件刚度。

(5) 在轴上车槽，一般安排在粗车或半精车之后、精车之前进行。如果工件刚度高或精度要求不高，也可在精车之后再车槽。

(6) 车螺纹一般安排在半精车之后进行，待螺纹车好后再精车各外圆，这样可避免车螺纹时轴发生弯曲而影响轴的精度。若工件精度要求不高，可安排最后车削螺纹。

二、操作设备、工具准备

本任务需要准备的操作设备、工具见表 4-2-3。

表 4-2-3　　操作设备、工具

序　号	设备、工具名称	单　位	数　量	用　　途
1	C6132A 车床	台	24	主要加工设备
2	外三角螺纹刀	把	24	车英制三角螺纹
3	切槽刀	把	24	切断工件
4	ϕ22mm 钻头	把	24	钻孔
5	垫片	块	数块	用以垫车三角螺纹刀或车刀
6	外圆车刀	把	48	车外圆、端面、倒角
7	镗孔刀	把	24	镗孔
8	游标卡尺	把	24	测量外径、长度
9	千分尺	把	24	测量外径
10	内径百分表	把	24	测量内径
11	工程图	张	24	主要图样
12	ϕ45mm×72mm 的钢料	件	25	主要加工材料

三、锥面轴车削工艺安排

1. 锥面轴工件分析

(1) 由于轴各台阶之间的直径相差不大，所以毛坯可选用热轧圆钢。

(2) 为了减少工序，毛坯可直接调质处理。

(3) 工件因长度不是长轴，所以用三爪卡盘直接装夹即可。

(4) 车削时要注意加工步骤，避免多次装夹浪费时间。

(5) 锥面轴工件加工能培养轴类工件综合加工的能力。

2. 锥面轴工件加工步骤

锥面轴工件加工步骤见表 4-2-4。

表 4-2-4　　锥面轴工件加工步骤

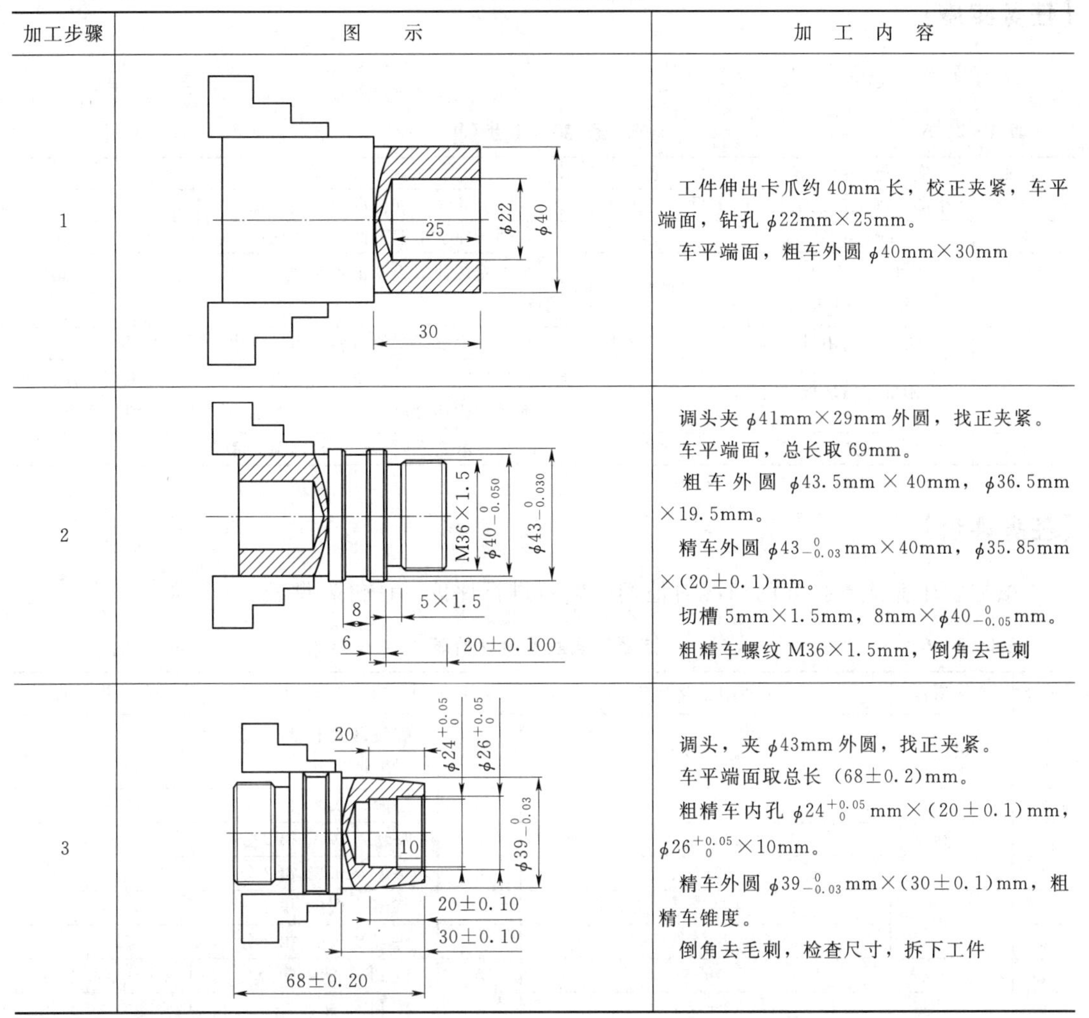

加工步骤	图　　示	加　工　内　容
1		工件伸出卡爪约 40mm 长，校正夹紧，车平端面，钻孔 φ22mm×25mm。 车平端面，粗车外圆 φ40mm×30mm
2		调头夹 φ41mm×29mm 外圆，找正夹紧。 车平端面，总长取 69mm。 粗车外圆 φ43.5mm×40mm，φ36.5mm×19.5mm。 精车外圆 φ43 $^{0}_{-0.03}$ mm×40mm，φ35.85mm×(20±0.1)mm。 切槽 5mm×1.5mm，8mm×φ40 $^{0}_{-0.05}$ mm。 粗精车螺纹 M36×1.5mm，倒角去毛刺
3		调头，夹 φ43mm 外圆，找正夹紧。 车平端面取总长 (68±0.2)mm。 粗精车内孔 φ24 $^{+0.05}_{0}$ mm×(20±0.1)mm，φ26 $^{+0.05}_{0}$ ×10mm。 精车外圆 φ39 $^{0}_{-0.03}$ mm×(30±0.1)mm，粗精车锥度。 倒角去毛刺，检查尺寸，拆下工件

四、操作要点及安全注意事项

（1）必须看清图样的尺寸要求，正确使用刻度盘，看清刻度值。

（2）根据加工余量算出背吃刀量，进行试车削，然后修正背吃刀量。

（3）量具使用前，必须检查和调整零位，正确掌握测量方法。

（4）不能在工件温度较高时测量；如测量，应掌握工件的收缩情况，或浇注切削液，降低零件温度。

（5）选用合适的刀具材料，或适当降低切削速度。

（6）车削前检查主轴间隙，并调整合适。如主轴轴承磨损严重，则需更换轴承。

（7）消除或防止由于车床刚度小足而引起的振动（如调整车床各部分的间隙）。

（8）增加车刀刚度和正确安装车刀。

（9）选用合理的车刀几何参数（如增加前角、选择合理的后角和主偏角等）。

（10）进给量不宜太大，精车余量和切削速度应选择恰当。

【任务实施】

本任务实施步骤见表 4-2-5。

表 4-2-5　　任务实施步骤

步骤	实施内容	完成者	说明
1	审图、确定加工工艺	教师、全体学生	教师引导学生进行审图、确定加工工艺
2	工件装夹	学生	教师指导学生把工件装夹牢固
3	车端面、外圆、钻孔、倒角	学生	学生先根据工程图的图样要求，车好端面、外圆、钻孔、倒角
4	选择切削用量	教师、学生	教师演示根据车削内容，指导学生选择切削用量
5	车削锥面轴的方法	教师、学生	教师先讲解车削锥面轴的要求、方法、注意事项，演示车削锥面轴达到要求；指导学生车削锥面轴，达到图样要求
6	综合车削加工完成	全体学生	教师演示完成后，学生自己独立完成

【任务评价】

根据学生完成本任务的情况对他们的实习进行评价，评价表见表 4-2-6。

表 4-2-6　　锥面轴质量检测评价表

序号	考核项目	考核内容及要求	配分	评分标准	检验结果	得分
1	螺纹	M36×1.5	10	螺纹环规检查，按松紧情况酌情扣分		
2	外圆	$\phi 43_{-0.03}^{0}$	6	每超差 0.01 扣 2 分		
3		$\phi 40_{-0.05}^{0}$	6	每超差 0.01 扣 2 分		
4		$\phi 39_{-0.03}^{0}$	6	每超差 0.01 扣 2 分		
5	内孔	$\phi 24_{0}^{+0.05}$	6	每超差 0.01 扣 2 分		
6		$\phi 26_{0}^{+0.05}$	6	每超差 0.01 扣 2 分		
7	锥度	6°	5	按 IT13 超差扣分		
8	长度	20±0.1	5	按 IT13 超差扣分		
9		6	2	按 IT13 超差扣分		
10		8	2	按 IT13 超差扣分		
11		30±0.1	5	每超差 0.1 扣 5 分		
12		20	2	按 IT13 超差扣分		
13		10	2	按 IT13 超差扣分		
14		20±0.1	5	每超差 0.1 扣 5 分		
15		68±0.2	5	每超差 0.1 扣 5 分		
16	切槽	5×1.5	2	按 IT13 超差扣分		
17	倒角	C1.5，2 处	2	*m* 超差不得分		
18	粗糙度	$R_a 1.6\mu m$，3 处	3	降一级扣 2 分		
19	工具、设备的使用与维护	正确、规范使用工、量、刃具，合理保养及维护工、量、刃具	10	不符合要求酌情扣 1～8 分		
		正确、规范使用设备，合理保护及维护设备		不符合要求酌情扣 1～8 分		
		操作姿势、动作正确		不符合要求酌情扣 1～8 分		

续表

序号	考核项目	考核内容及要求	配分	评分标准	检验结果	得分
20	安全与其他	安全文明生产，按国家颁布的有关法规或企业自定的有关规定	10	一项不符合要求扣2分，发生较大事故者取消考试资格		
		操作、工艺规范正确		一处不符合要求扣2分		
		工件各表面无缺陷		不符合要求酌情扣1～8分		
总分：						

【扩展视野】

应用一：车削轴类综合工件产品（图4-2-2）。

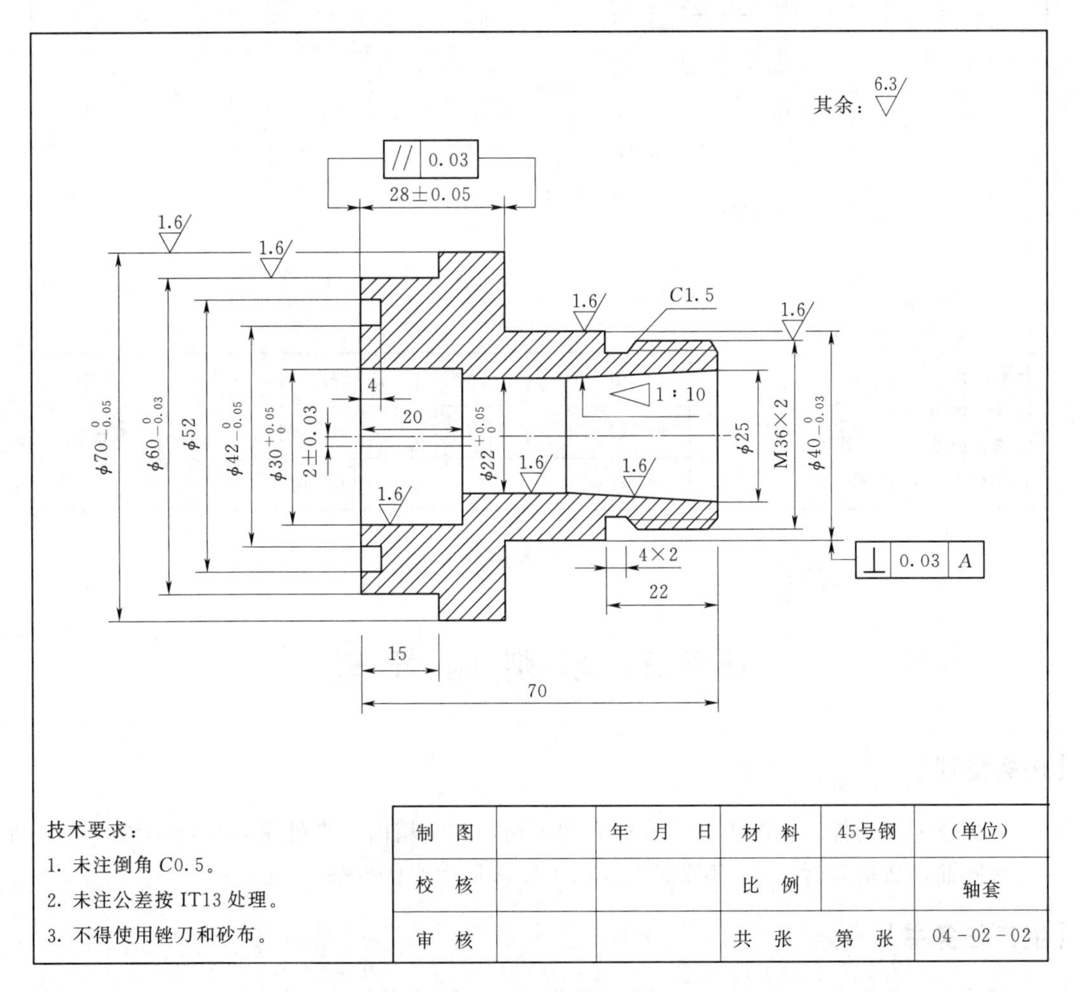

图4-2-2　轴套图样

应用二：车削复杂轴类工件（图 4－2－3）。

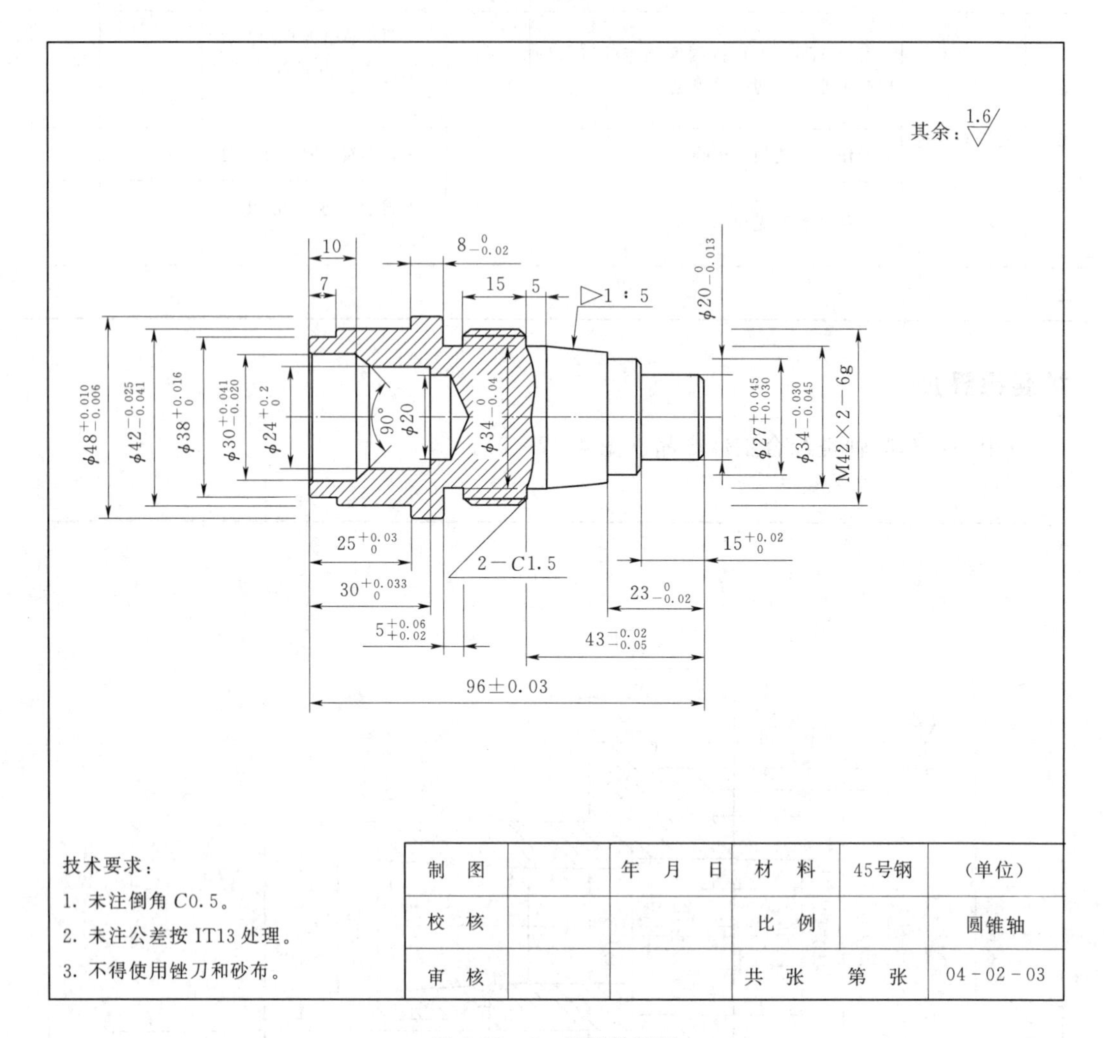

图 4－2－3　圆锥轴图样

任务三　车削蜗杆轴

【任务描述】

某机械生产设备厂急需生产一批车床溜板箱，其中箱内一部件是蜗杆传动轴，现订制一批蜗杆轴，数量 30 件，配套原材料、加工要求见生产任务书。

【生产任务书】

零件施工单见表 4－3－1，蜗杆轴图样如图 4－3－1 所示。

表 4-3-1　　　　　　　　**零 件 施 工 单**

投放日期：＿＿＿＿＿＿＿＿班组：＿＿＿＿＿＿＿＿要求完成任务时间：＿天

材料尺寸及数量：ϕ55mm×200mm，30 件

图　　号	零件名称		计划数量		完成数量
04-03-01	蜗杆轴		30 件		
加工成员姓名	工序	合格数	工废数	料废数	完成时间
班组质检				抽检	
总质检					

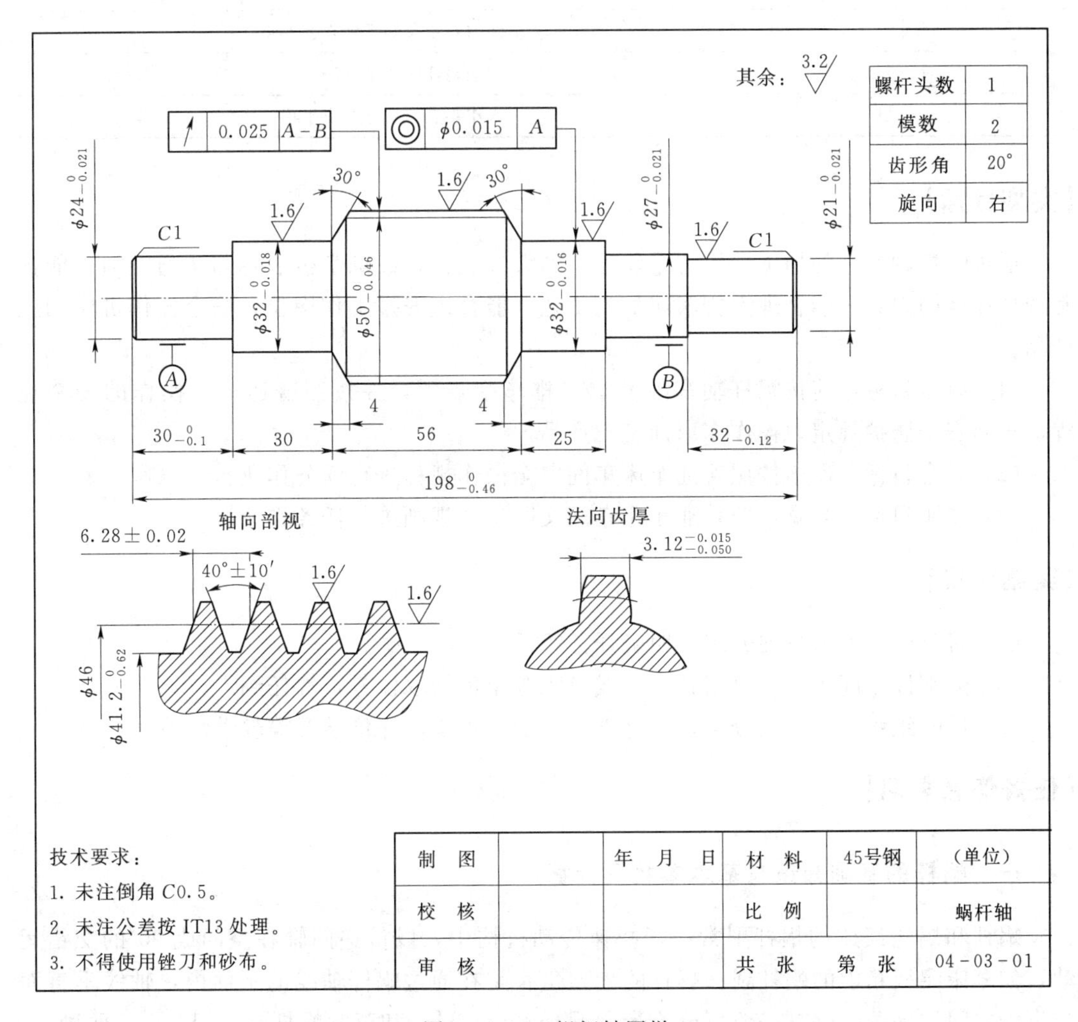

图 4-3-1　蜗杆轴图样

【任务分析】

本任务是使用毛坯料为 ϕ55mm×200mm 的钢料，在以往车削外圆、车削外梯形螺纹的课题基础上，车削蜗杆轴（图 4-3-1），其中包括蜗杆的基础知识与基本参数及计算、操作设备及工具准备、蜗杆刀的刃磨、车蜗杆的装刀方法、蜗杆的车削方法、工件的安装及蜗杆轴工艺安排、蜗杆的测量方法等作为准备，见表 4-3-2。

表 4-3-2　为完成手柄必须进行的准备内容

序　号	内　容
1	蜗杆的基础知识与基本参数及计算
2	操作设备及工具准备
3	蜗杆刀的刃磨
4	车蜗杆的装刀方法
5	蜗杆的车削方法
6	工件的安装及蜗杆轴工艺安排
7	蜗杆的测量方法
8	操作要点及安全注意事项

【实施目标】

通过蜗杆轴产品的加工，了解企业生产的管理流程；锻炼学生表达与沟通能力；能正确选择和运用刀具；能合理安排滚花加工工艺；能合理安排工作岗位，安全操作机床加工产品。

（1）质量目标：能按蜗杆轴车削要求安排车削步骤，并按照普通车床操作的安全规程、车间安全防护规定，操作车床加工出产品。

（2）安全目标：严格按照普通车床车间安全操作规程进行任务作业。

（3）文明目标：自觉按照普通车床车间文明生产规则进行任务作业。

【实施建议】

（1）将学生按人数平均分组，明确任务组长。

（2）分别以车间主任、班组长、一线员工等角色领取任务，责任到人。

（3）适时组织小组讨论分工、信息学习、加工工步、评价学习等教学活动。

【任务信息学习】

一、蜗杆的基础知识与基本参数及计算

蜗杆和蜗轮组成的蜗杆副常用于减速传动机构中，以传递两轴在空间成 90°的交错运动，如车床溜板箱内的蜗杆副。蜗杆的齿型角 α 是在通过蜗杆轴线的平面内，轴线垂直面与齿侧之间的夹角。蜗杆一般可分为米制蜗杆（$\alpha=20°$）和英制蜗杆（$\alpha=14.5°$）两种。

本书仅介绍我国常用的米制蜗杆的车削方法。

1. 蜗杆主要参数的名称、符号及计算

蜗杆基本参数的测量以及规定的标准值都在蜗杆的轴向剖面内，见表 4-3-3。

表 4-3-3　　蜗杆主要参数的名称、符号及计算

名　称	计　算　公　式	名　称	计　算　公　式
轴向模数（m_x）	基本参数	齿根圆直径（d_f）	$d_f=d_1-2.4m_x$ 或 $d_f=d_a-4.4m_x$
齿型角（α）	$\alpha=20°$		
齿距（P）	$P=\pi m_x$	导程角（γ）	$\tan\gamma=\dfrac{P_z}{\pi d_1}$
导程（P_z）	$P_z=zP=z\pi m_x$	轴向齿厚（S_x）	$S_x=\dfrac{\pi m_x}{2}=\dfrac{P}{2}$
全齿高（h）	$h=2.2m_x$	法向齿厚（S_n）	$S_n=\dfrac{\pi m_x}{2\cos\gamma}=\dfrac{P}{2\cos\gamma}$
齿顶高（h_a）	$h_a=m_x$	轴向齿顶宽（S_a）	$S_a=0.843m_x$
齿根高（h_f）	$h_f=1.2m_x$	法向齿顶宽（S_{an}）	$S_{an}=0.843m_x\cos\gamma$
分度圆直径（d_1）	$d_1=d_a-2m_x$	轴向齿根槽宽（e_f）	$e_f=0.697m_x$
齿顶圆直径（d_a）	$d_a=d_1+2m_x$	法向齿根槽宽（e_{fa}）	$e_{fa}=0.697m_x\cos\gamma$

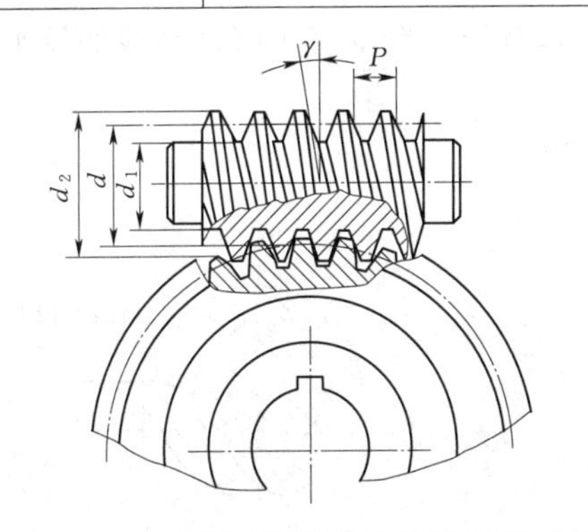

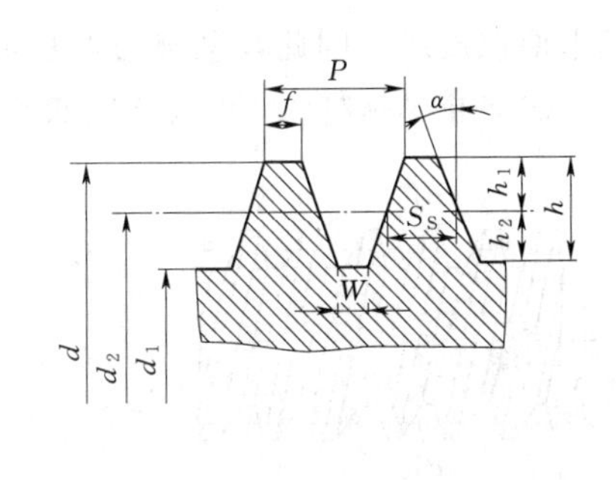

【例 4-3-1】 车削蜗杆，齿顶圆直径 $d_a=42\text{mm}$，齿形半角为 20°，模数 $m_x=3\text{mm}$，线数 $z=1$，求蜗杆的各主要参数。

解

齿距　$P=\pi m_x=3.1416\times3=9.425\ (\text{mm})$

导程　$P_z=z\pi m_x=1\times3.1416\times3=9.425\ (\text{mm})$

全齿高　$h=2.2m_x=2.2\times3=6.6\ (\text{mm})$

齿顶高　$h_a=m_x=3\ (\text{mm})$

齿根高　$h_f=1.2m_x=1.2\times3=3.6\ (\text{mm})$

分度圆直径　$d_1=d_a-2m_x=42-2\times3=36\ (\text{mm})$

齿根圆直径　$d_f=d_1-2.4m_x=36-2.4\times3=28.8\ (\text{mm})$

轴向齿顶宽　$S_a=0.843m_x=0.843\times3=2.53\ (\text{mm})$

法向齿根槽宽　$e_{fa}=0.697m_x=0.697\times3=2.09\ (\text{mm})$

轴向齿厚
$$S_x=\frac{P}{2}=\frac{9.425}{2}=4.71\ (\text{mm})$$

导程角 γ
$$\tan\gamma=\frac{P_z}{\pi d}=\frac{9.425}{3.1416\times 36}=0.084$$
$$\gamma=4°48'$$

法向齿厚
$$S_n=\frac{P}{2\cos\gamma}=\frac{9.425}{2\cos 4°48'}=4.71\times 0.9965=4.696\ (\text{mm})$$

2. 蜗杆的齿形

(1) 轴向直廓蜗杆（ZA 蜗杆）如图 4-3-2 所示。

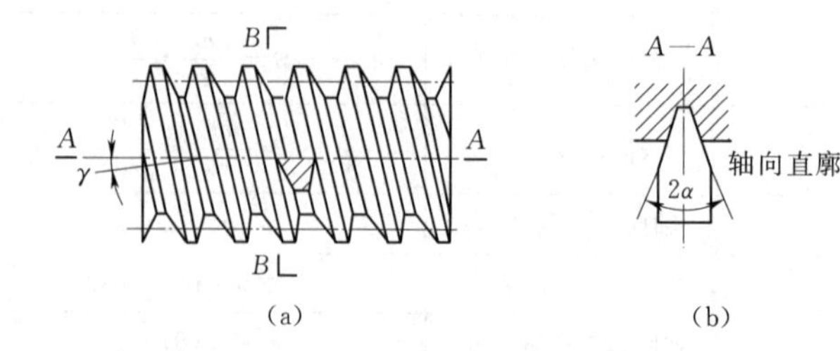

图 4-3-2　轴向直廓蜗杆

轴向直廓蜗杆的齿形在通过蜗扦轴线的平面内是直线，在垂直于蜗杆轴线的端平面内是阿基米德螺旋线，因此，又称为阿基米德蜗杆。

(2) 法向直廓蜗杆（ZN 蜗杆）如图 4-3-3 所示。

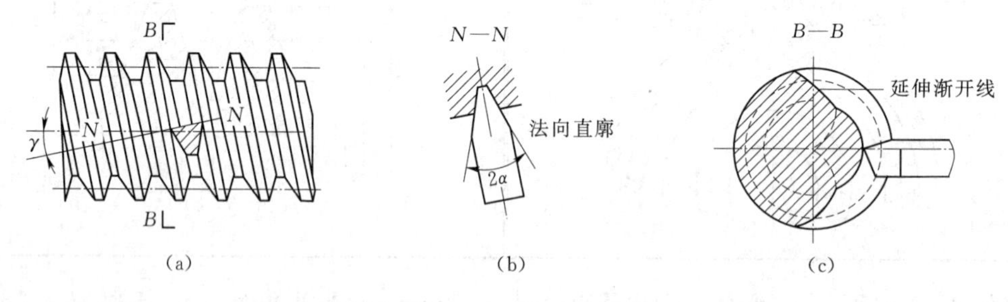

图 4-3-3　法向直廓蜗杆

法向直廓蜗杆的齿形在垂直于蜗杆齿面的法平面内是直线，在垂直于蜗杆轴线的端平面内是延伸渐开线，因此，又称为延伸渐开线蜗杆。

机械中最常用的是阿基米德蜗杆（即轴向直廓蜗杆），这种蜗杆的加工比较简单。若图样上没有特别标明蜗杆的齿形，则均为轴向直廓蜗杆。

3. 蜗杆的一般技术要求

(1) 蜗杆的齿距必须等于蜗轮的齿距。

(2) 蜗杆分度圆上的法向齿厚公差或轴向齿厚公差要符合标准要求。

(3) 蜗杆分度圆径向跳动量要控制在允许的范围内。

二、操作设备、工具准备

本任务需要准备的操作设备、工具见表 4-3-4。

表 4-3-4　　操作设备、工具

序　号	设备、工具名称	单　位	数　量	用　　途
1	C6132A 车床	台	24	主要加工设备
2	外圆车刀	把	24	车外圆、端面、倒角
3	蜗杆刀	把	24	车蜗杆
4	垫片	把	24	垫刀
5	游标卡尺	块	数块	测量外圆、长度
6	千分尺	把	24	测量外圆
7	齿厚卡尺	把	24	测量蜗杆齿厚
8	万能角度尺	把	24	测量蜗杆齿形角
9	活顶	把	24	用于装夹工件
10	前顶	把	24	用于装夹工件
11	鸡心夹	张	24	用于装夹工件
12	工程图	支	24	主要图样
13	ϕ55mm×200mm 的钢料	件	30	主要加工原料

三、蜗杆刀刃磨

1. 蜗杆刀基本角度

(1) 蜗杆粗车刀的基本角度（图 4-3-4）。

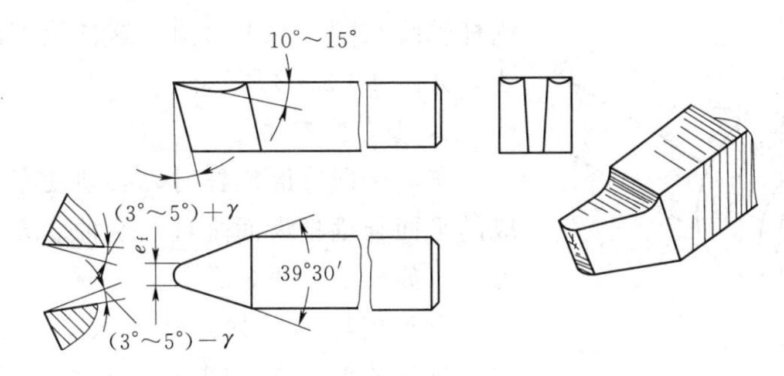

图 4-3-4　蜗杆粗车刀的基本角度

(2) 蜗杆精车刀的基本角度（图 4-3-5）。

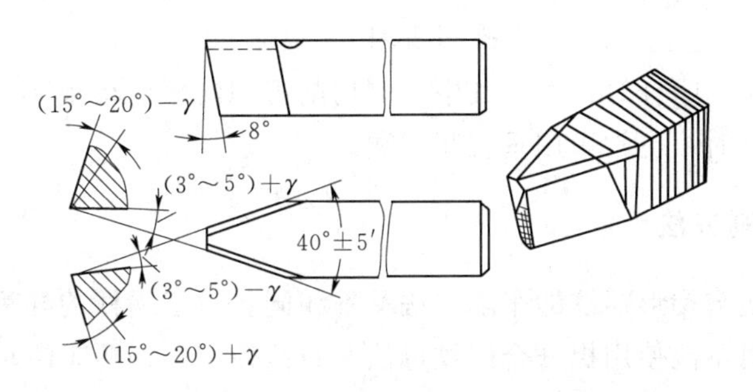

图 4-3-5　蜗杆精车刀的基本角度

2. 蜗杆刀的刃磨要求与刃磨方法

(1) 蜗杆刀的刃磨要求。

1) 刃磨蜗杆刀两刃夹角时，应随时目测和用样板校对。

2) 径向前角不为零的蜗杆刀，两刃的夹角应修正，其修正方法与三角形螺纹车刀修正方法相同。

3) 蜗杆刀各切削刃要光滑、平直、无裂口，两侧切削刃应对称，刀体不能歪斜。

4) 螺纹车刀各切削刃应用油石研去毛刺。

5) 蜗杆刀两侧切削刃对称线应垂直于刀柄。

(2) 蜗杆刀的刃磨步骤。

1) 粗磨两侧后面，初步形成刀尖角。

2) 粗、精磨前面或径向前角。

3) 精磨两侧后面，控制刀尖宽度，刀尖角用对刀样板（图 3-1-8）或万能角度尺校对。

4) 用油石精研各刀面和刃口。

四、车蜗杆时的装刀方法

蜗杆车刀与梯形螺纹车刀相似，但蜗杆车刀两侧切削刃之间的夹角应磨成两倍齿形角。在装夹蜗杆车刀时，必须根据不同的蜗杆齿形采用不同的装刀方法。

1. 水平装刀法

精车轴向直廓蜗杆时，为了保证齿形正确，必须使蜗杆车刀两侧切削刃组成的平面与蜗杆轴线在同一水平面内，这种装刀法称为水平装刀法，如图 4-3-2 所示。

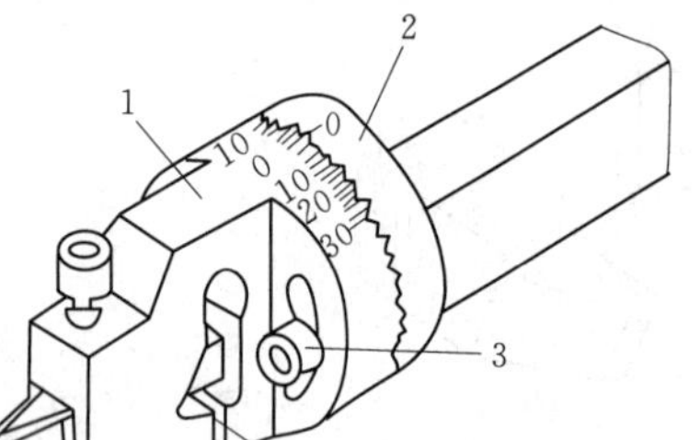

图 4-3-6 可回转刀柄
1—头部；2—刀柄；3—紧固螺钉；4—弹性槽

2. 垂直装刀法

车削法向直廓蜗杆时，必须使车刀两侧切削刃组成的平面与蜗杆齿面垂直，这种装刀方法称为垂直装刀法，如图 4-3-3 所示。

由于蜗杆的导程角比较大，为了改善切削条件和达到垂直装刀法的要求，相对于刀柄回转一个所需的导程角，头部旋转后用两只紧固螺钉紧固（如图 4-3-6），这种刀柄开有弹性槽，车削时不易产生扎刀现象。

用水平装刀法车削蜗杆时，由于其中一侧切削刃的前角变得很小，切削不顺利，所以在粗车轴向直廓蜗杆时，也常采用垂直装刀法。

五、蜗杆的车削方法

蜗杆的车削方法与梯形螺纹的车削方法基本相同。由于蜗杆的导程（即轴向齿距）不是整数，车削蜗杆时不能使用提开合螺纹母法，只能使用倒、顺车法车削。

粗车时，蜗杆的轴向模数 $m_x \leqslant 3$mm 时，可采用左右借刀法车削；蜗杆的轴向模数

m_x>3mm 时，一般先采用切槽法粗车，然后再用左右借刀法半精车；蜗杆的轴向模数 m_x>5mm 时，则采用切阶梯槽法粗车，再用左右借刀法半精车，单边留 0.2～0.4mm 的精车余量。

精车时，基本与梯形螺纹的精车方法相同，当蜗杆模数较大时，可用两侧有卷屑槽的蜗杆精车刀，分左右单边切削成形的方法车削。

六、工件的安装及蜗杆轴工艺安排

1. 工件的装夹

蜗杆车削时，切削力较大，工件应采用一夹一顶方式装夹。车削模数较大的蜗杆，应采用四爪卡盘与尾顶尖装夹，使装夹牢固可靠。工件轴向应采用限位台阶或限位支撑定位，以防蜗杆在车削中发生蹿动。工件的装夹如图 4-3-7 所示。

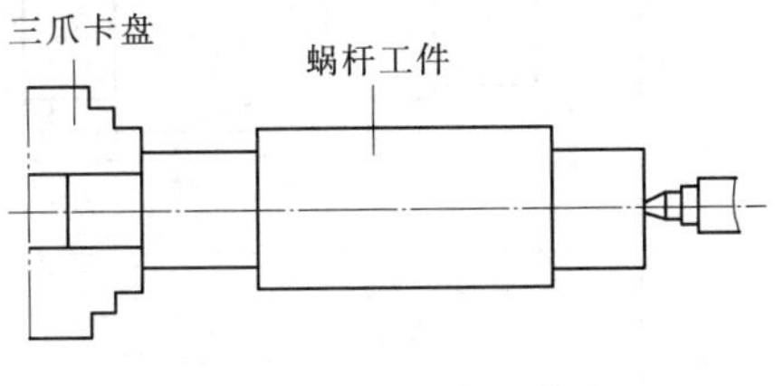

图 4-3-7　工件的装夹

2. 工艺安排

蜗杆轴加工步骤见表 4-3-5。

表 4-3-5　**蜗杆轴加工步骤**

加工步骤	图　　示	加　工　内　容
1		工件伸出卡爪约 70mm 长，校正夹紧，车平端面，打中心孔，一夹一顶，粗车外圆至 ϕ34mm×58mm，ϕ26mm×28mm
2		调头装夹，校正夹紧，车端面，取总长 $198_{-0.46}^{0}$mm，打中心孔
3		一夹一顶，粗车各级外圆分别为 ϕ51mm 尽长、ϕ22mm × 31mm、ϕ28mm × 25mm、ϕ33mm × 25mm，粗车蜗杆

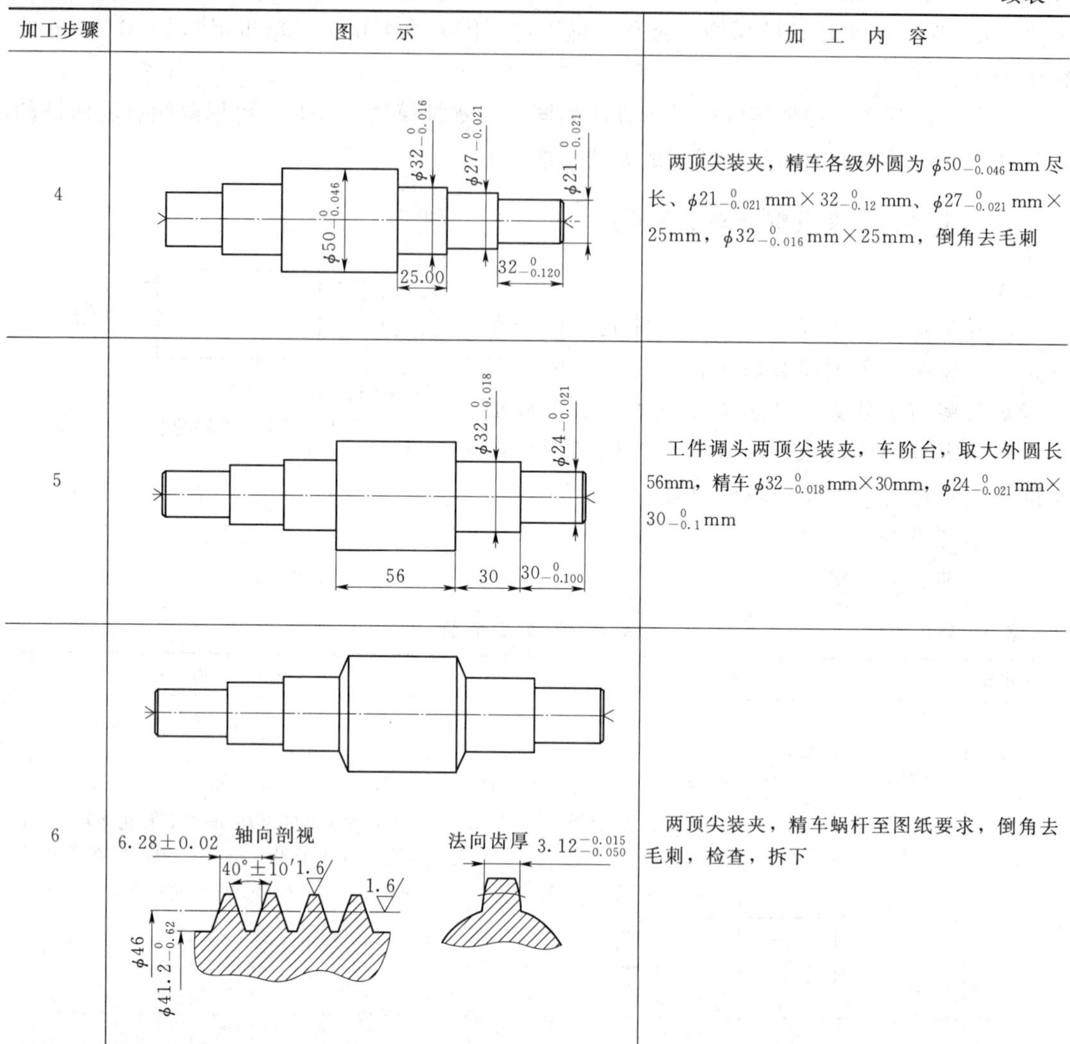

续表

加工步骤	图　　示	加　工　内　容
4		两顶尖装夹，精车各级外圆为 $\phi50_{-0.046}^{0}$ mm 尽长、$\phi21_{-0.021}^{0}$ mm × $32_{-0.12}^{0}$ mm、$\phi27_{-0.021}^{0}$ mm × 25mm，$\phi32_{-0.016}^{0}$ mm × 25mm，倒角去毛刺
5		工件调头两顶尖装夹，车阶台，取大外圆长56mm，精车 $\phi32_{-0.018}^{0}$ mm × 30mm，$\phi24_{-0.021}^{0}$ mm × $30_{-0.1}^{0}$ mm
6		两顶尖装夹，精车蜗杆至图纸要求，倒角去毛刺，检查，拆下

七、蜗杆的测量方法

（1）齿顶圆直径可用游标卡尺、千分尺测量。

（2）分度圆直径可用三针测量，方法与梯形螺纹相同。M 值及量针的简化计算见表4-3-6。

表 4-3-6　　M 值及量针的简化计算公式

蜗杆牙型 α	M 值计算公式	量针直径 d_D/mm		
		最　大　值	最　佳　值	最　小　值
40°	$M = d_1 + 3.942d_D - 4.316m_x$	$2.466m_x$	$1.675m_x$	$1.61m_x$

（3）蜗杆的齿厚测量用齿厚游标尺进行，测量时（图 4-3-8），将齿高卡尺读数调到一个齿顶高，使卡脚在法向卡入齿廓，并作微量往复运动，直到卡脚测量面与蜗杆齿侧平

行（即尺杆与蜗杆轴线间的夹角恰为导程角）。

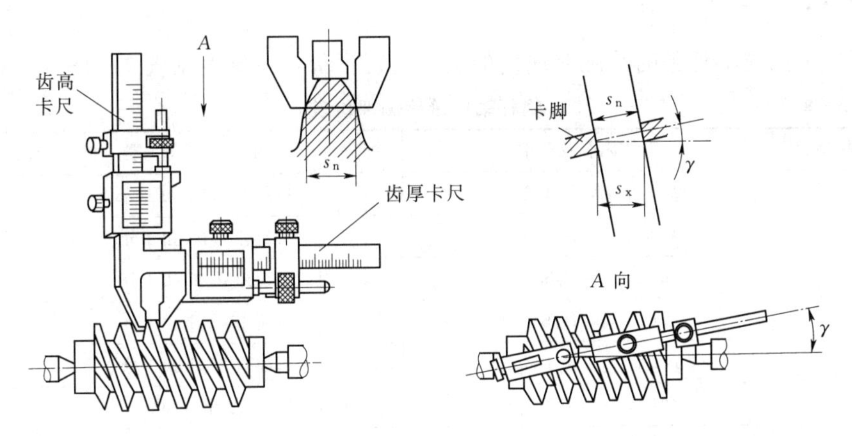

图 4-3-8　测量齿厚

八、操作要点及安全注意事项

（1）车蜗杆时，应试切一刀以检查周节是否正确。

（2）由于蜗杆的导程角较大，车刀的两侧后角应适当增减。

（3）车蜗杆时，床鞍及中、小滑板的间隙尽可能调小些，以减小窜动量。

（4）粗车较大模数的蜗杆，应提高工件的装夹刚性，最好采用一夹一顶装夹。

（5）精车蜗杆时，刀刃两侧刃口要平直、锋利。

（6）车削时，每次切入深度要适当，同时要经常测量法向齿厚，以控制精车余量。

（7）车蜗杆时，在退刀槽处若带有较大台阶，或退刀处离卡盘很近时，注意及时退刀并操纵主轴反转，防止发生撞车而损坏工件和机床。

【任务实施】

本任务实施步骤见表 4-3-7。

表 4-3-7　　**任务实施步骤**

步骤	实施内容	完成者	说明
1	审图、确定加工工艺	教师、全体学生	教师引导学生进行审图、确定加工工艺
2	工件装夹	学生	教师指导学生把工件装夹牢固
3	车端面、外圆、倒角	学生	学生先根据工程图的图样要求，车好外圆
4	安装蜗杆刀	教师、学生	教师讲解蜗杆刀的安装要求，组织小组教师演示蜗杆刀安装，安排每位学生轮流观看一次，然后指导学生按要求安装蜗杆刀
5	选择切削用量	教师、学生	教师演示选择转速 20～100r/min 之间，背吃刀量若干（合理分配）；指导学生选择切削用量
6	车蜗杆方法	教师、学生	教师先讲解车蜗杆的要求、方法、注意事项，演示蜗杆达到要求；指导学生完成蜗杆的车削，达到图样要求
7	综合车削加工完成	全体学生	教师演示完成后，学生自己独立完成

【任务评价】

根据学生完成本任务的情况对他们的实习进行评价，评价表见表 4－3－8。

表 4－3－8　　蜗杆轴质量检测评价表

序号	考核项目	考核内容及要求	配分	评　分　标　准	检验结果	得分
1	外圆	$\phi 50_{-0.046}^{0}$，$R_a 1.6\mu m$	5，3	每超差 0.01 扣 1 分		
2		$\phi 32_{-0.016}^{0}$，$R_a 1.6\mu m$	5，3	每超差 0.02 扣 1 分		
3		$\phi 27_{-0.021}^{0}$，$R_a 3.2\mu m$	5，1	每超差 0.01 扣 1 分		
4		$\phi 21_{-0.021}^{0}$，$R_a 1.6\mu m$	5，3	每超差 0.01 扣 1 分		
5		$\phi 32_{-0.018}^{0}$，$R_a 1.6\mu m$	5，3	每超差 0.01 扣 1 分		
6		$\phi 24_{-0.021}^{0}$，$R_a 3.2\mu m$	5，1	按 IT13 超差扣分		
7	长度	$198_{-0.46}^{0}$	2	超差不得分		
8		$32_{-0.12}^{0}$	2	超差不得分		
9		$30_{-0.1}^{0}$	2	超差不得分		
10		56、30、25、4、4	4	超差不得分		
11	蜗杆	法向齿厚 $3.12_{-0.050}^{-0.015}$，$R_a 1.6\mu m$	7，3	每超差 0.01 扣 1 分		
12		齿底径 $\phi 41.2_{-0.63}^{0}$，$R_a 3.2\mu m$	2，1	超差不得分		
13		牙型角 20°	2	每超差 5′扣 1 分		
14		旋向（右）	1	错误不得分		
15	形位公差	↗ 0.025 A—B	3	每超差 0.01 扣 2 分		
16		◎ φ0.015 A	3	每超差 0.01 扣 1 分		
17	其他	A 型中心孔	2	扁孔、毛刺等无分		
18	倒角	C1	2	超差不得分		
19	工具、设备的使用与维护	正确、规范使用工、量、刃具，合理保养及维护工、量、刃具	10	不符合要求酌情扣 1～8 分		
		正确、规范使用设备，合理保护及维护设备		不符合要求酌情扣 1～8 分		
		操作姿势、动作正确		不符合要求酌情扣 1～8 分		
20	安全与其他	安全文明生产，按国家颁布的有关法规或企业自定的有关规定	10	一项不符合要求扣 2 分，发生较大事故者取消考试资格		
		操作、工艺规范正确		一处不符合要求扣 2 分		
		工件各表面无缺陷		不符合要求酌情扣 1～8 分		
总分：						

参 考 文 献

[1] 劳动和社会保障部教材办公室组织编写．车工工艺学［M］．四版．北京：中国劳动社会保障出版社，2005.

[2] 劳动和社会保障部教材办公室组织编写．车工技能训练［M］．四版．北京：中国劳动社会保障出版社，2005.

[3] 劳动和社会保障部教材办公室组织编写．极限配合与技术测量基础［M］．三版．北京：中国劳动社会保障出版社，2007.

[4] 劳动和社会保障部教材办公室组织编写．机械制造工艺基础［M］．五版．北京：中国劳动社会保障出版社，2005.

[5] 劳动和社会保障部教材办公室组织编写．金属材料与热处理［M］．五版．北京：中国劳动社会保障出版社，2007.

[6] 劳动和社会保障部教材办公室组织编写．机械制图［M］．五版．北京：中国劳动社会保障出版社，2007.